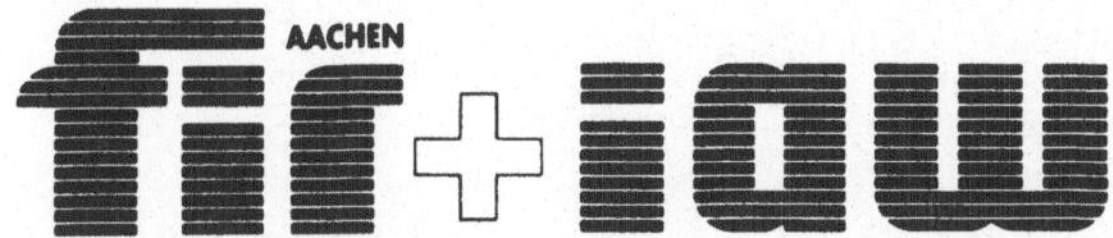


# Forschung für die Praxis • Band 21

Berichte aus dem
Forschungsinstitut für Rationalisierung (FIR)
und dem Lehrstuhl und Institut
für Arbeitswissenschaft (IAW)
der Rheinisch-Westfälischen
Technischen Hochschule Aachen

Herausgeber: Prof. Dr.-Ing. R. Hackstein

U. Breer

# Auswahl und Beurteilung EDV-gestützter IPS-Systeme

**Mit 58 Abbildungen und 23 Tabellen**

Springer-Verlag
Berlin Heidelberg New York
London Paris Tokyo 1989

Dipl.-Ing. Uwe Breer
Lehrstuhl und Institut für Arbeitswissenschaft
der Rheinisch-Westfälischen Technischen Hochschule Aachen

Prof. Dr.-Ing. Rolf Hackstein
Inhaber des Lehrstuhls und Direktor des Instituts für Arbeitswissenschaft,
Direktor des Forschungsinstituts für Rationalisierung an der Rheinisch-
Westfälischen Technischen Hochschule Aachen

D 82 (Diss. TH Aachen)
Entwicklung eines Instrumentariums zur Auswahl und Beurteilung von
EDV-gestützten Instandhaltungsplanungs- und -steuerungssystemen.

ISBN-13:978-3-540-50747-5      e-ISBN-13:978-3-642-83703-6
DOI: 10.1007/978-3-642-83703-6



Gesamtherstellung:

2160 / 3020 - 543210

<u>Vorwort des Herausgebers</u>

Die Mechanisierung und Automatisierung der industriellen Produktion
hat in den vergangenen Jahren weiter ständig zugenommen. Begriffe wie
"Flexible Fertigungssysteme", "Robotereinsatz" oder "CNC-Maschinen"
sind einige Deskriptoren dieser Entwicklung. Mit steigender Komplexi-
tät der eingesetzten Anlagen, Maschinen und Verfahren erhöhen sich
auch die Anforderungen an die Organisation des Zusammenwirkens von
Mensch, Betriebsmittel und Material. Die Beherrschung und Verbesserung dieser Ablauforganisation wird mehr und mehr zum entscheidenden
Faktor für einen erfolgreichen Einsatz moderner Produktionstechnolo-
gien.

Die Ablauforganisation in der Fabrik der Zukunft wird vom Einsatz der
Informationstechnik geprägt sein. Einen der Anwendungsschwerpunkte der
Informationstechnik in der Ablauforganisation von Produktionsbetrieben
bildet der Einsatz von Informationssystemen für die Planung und Steue-
rung von Produktionsabläufen einschließlich des Transports und der
Lagerung.

Der Erfolg solcher Informationssysteme ist in besonderem Maße davon ab-
hängig, wie gut es gelingt, bei der Entwicklung und beim Einsatz der
Systeme gleichermaßen sowohl die technisch-organisatorischen als auch
die humanen (arbeitswissenschaftlichen) Aspekte zu berücksichtigen.
Während sich die technologische Entwicklung nämlich auf dem Hardware-
Sektor äußerst rasant vollzieht, ist zu beobachten, daß zwischen der
durch die Hardware gebotenen Möglichkeiten und der durch entsprechende
Methoden und Programme (Software) realisierten Anwendungen eine immer
größere Lücke entsteht, die als "Software-Lücke" bezeichnet wird.

Erfolge beim betrieblichen Einsatz können weiterhin aber auch nur dann
erreicht werden, wenn der Mensch die oben genannten Informationssysteme
akzeptiert. Das aber gelingt nur, wenn der Mensch die sich ergebenden
Veränderungen positiv bewältigen kann. Da bisher zu wenig Beweglichkeit,
Einfallsreichtum und Flexibilität bei der Entwicklung neuer Bedingungen
für die Gestaltung der Arbeitszeit, des Arbeitsplatzes, des Arbeits-
kräfteeinsatzes, der Arbeitsorganisation und ähnlichem festzustellen
ist, zeigt sich hier eine zweite, immer größer werdende Lücke, die

vielfach als "Akzeptanz-Lücke" bezeichnet wird und die in ihren negativen Auswirkungen der "Software-Lücke" sicherlich nicht nachsteht.

Darüber hinaus ist es heute im Hinblick auf die Wirtschaftlichkeit von Neuen Technologien noch allzu häufig üblich, daß man unter der Forderung nach "geringeren Kosten" vorzugsweise "geringere Personalkosten" und unter "höherer Leistung" vorzugsweise "höhere menschliche Anstrengung" versteht. Es erhebt sich aber vor dem Hintergrund der Massenarbeitslosigkeit die Frage, inwieweit man heute Neue Technologien als Ersatz für Alte Technologien vorzugsweise durch Reduzierung der Personalkosten anstreben muß und ob man höhere Leistung vorzugsweise nur durch Erhöhung der menschlichen Anstrengung erreichen kann.

Industrielle Führungskräfte sollten hingegen wissen, daß gerade die mit dem Begriff des Computers verbundenen Neuen Technologien so gestaltbar sind, daß dem Menschen nicht höhere Anstrengung zugemutet wird, sondern daß der Computer die Arbeit des Menschen so unterstützen kann, daß das Leistungsergebnis - und darauf kommt es ja schließlich an - verbessert wird. Es ist folglich zu prüfen, welche der Neuen Technologien geeignet sind, sowohl die Wirtschaftlichkeit zu steigern, als auch den Personalfreisetzungseffekt zu vermeiden.

Die Arbeiten der beiden vom Herausgeber geleiteten Institute, des Forschungsinstituts für Rationalisierung (FIR) in Aachen und des Lehrstuhls und Instituts für Arbeitswissenschaft der RWTH Aachen (IAW), sind vor diesem Hintergrund darauf gerichtet, Beiträge zur Schließung der aufgezeigten Lücken und zur Realisierung der genannten Forderungen zu leisten. Zur Umsetzung gewonnener Erkenntnisse wird die Schriftenreihe "FIR-IAW-Forschung für die Praxis" herausgegeben. Der vorliegende Band setzt diese Reihe fort. Die bisher erschienenen Titel sind am Schluß dieses Bandes aufgeführt.

Dem Verfasser danke ich für die geleistete Arbeit, dem Verlag für die Aufnahme dieser Schriftenreihe in sein Programm und allen anderen Beteiligten für ihren Beitrag zum Gelingen des Bandes.


Rolf Hackstein

# Inhaltsverzeichnis

# 1 Problemstellung und Zielsetzung

In den Zeiten des schnellen wirtschaftlichen Aufschwunges, z. B. während der fünfziger und sechziger Jahre in der Bundesrepublik Deutschland, wurden in erster Linie leistungsbezogene Anforderungen an technische Anlagen gestellt (vgl. WARNECKE 1981, S. 1). Die Folge war der Drang nach immer kürzeren Bearbeitungszeiten bei einem immer größer werdenden Automatisierungsgrad.

Diese Tendenz erfuhr aber spätestens seit Ende der siebziger Jahre eine drastische Änderung. Die Gründe hierfür lagen u. a. in der Sättigung verschiedener Märkte und dem damit verbundenen erhöhten Wettbewerbsdruck (vgl. BRANKAMP, BONGARTZ 1986, S. 1). Zunehmend rückten wirtschaftliche Aspekte in den Mittelpunkt des betrieblichen Interesses und zwangen die Unternehmen, die Wirtschaftlichkeit ihrer Maschinen und Anlagen über deren gesamte Lebensdauer hinweg zu sichern.

Der gestiegene Automatisierungsgrad und die erhöhte technische und organisatorische Verkettung der Produktionsmittel erhöht die Anforderungen an die Verfügbarkeit und Zuverlässigkeit der Maschinen und Anlagen (vgl. HACKSTEIN, WEINGÄRTNER 1987, S. 74). Dies kann am Beispiel der Drehmaschinenentwicklung sehr deutlich verfolgt werden. Ein Vergleich der konventionellen Drehmaschine mit den heutigen Fertigungssystemen, incl. automatisierter Handhabung der Werkstücke und automatisierter Spänebeseitigung, zeigt unverkennbar die gestiegenen Anforderungen an die Instandhaltung zur Sicherung der Verfügbarkeit, Zuverlässigkeit und Sicherheit von Maschinen und Anlagen.

Unter diesen Aspekten vollzog sich in letzter Zeit innerhalb der Unternehmen eine Verlagerung der Maßnahmen zur Sicherung ihrer Wirtschaftlichkeit und Wettbewerbsfähigkeit. "Die Instandhaltung, früher häufig in manchen Industriezweigen ein wenig beachteter Nebenbetrieb, tritt immer mehr aus dem Schatten der Produktion und wird zunehmend zum Ziel betrieblicher Rationalisierungsbemühungen" (HACKSTEIN 1986, S. 55).

Ein Blick auf die volks- und betriebswirtschaftliche Bedeutung unterstreicht die Relevanz der Instandhaltung für den Unternehmenserfolg. So werden in der Bundesrepublik Deutschland zur Zeit jährlich ca. 200 Milliarden DM für Instandhaltungsaufgaben aufgewendet (vgl. SCHULTE 1987, S. 70). Damit fließen etwa 10% des Bruttosozialproduktes in die Instandhaltung (vgl. PFENNIG 1987, S. 184). Für ein Einzelunternehmen bedeutet dies, daß jährlich ca. 5 - 15% des Wiederbeschaffungswertes technischer Anlagen auf die Instandhaltung entfallen, wobei die jährlichen Steigerungsraten für Instandhaltungsaufwendungen in den letzten Jahren jeweils ungefähr 10 bis 15% betragen (vgl. BAUERNFEIND 1984, S. 604).

Den gestiegenen Anforderungen an die Instandhaltung versuchen die Unternehmen durch geeignete Instandhaltungsstrategien zu begegnen. So wurde die früher dominierend praktizierte "Feuerwehrstrategie" weitestgehend von der periodisch vorbeugenden "Präventivstrategie" abgelöst, um die Produktionsausfallkosten zu reduzieren. Da bei dieser Strategie jedoch die volle Lebensdauer der Maschinen- und Anlagenkomponenten oft nicht ausreichend ausgeschöpft wird, sind der Anwendung in der Praxis enge wirtschaftliche Grenzen gesetzt. Daher wenden sich viele Unternehmen heute der Realisierung der zustandsabhängig vorbeugenden "Inspektionsstrategie" zu (vgl. u. a. ERDMANN 1973, S. 111 ff.; KROESEN 1973, S. 37 und MARX 1983, S. 13). Der Einsatz dieser Strategie vereint zwar den Vorteil der Reduzierung der Produktionsausfallkosten und einer wesentlich besseren Ausnutzung der Bauelementlebensdauer, führt aber zu hohen Anforderungen an die Leistungsfähigkeit der Instandhaltungsplanung, -steuerung und -analyse. Somit werden die Funktionen der Instandhaltungsplanung, -steuerung und -analyse zum Zentrum von Rationalisierungsmaßnahmen in der Instandhaltung.

Neben allgemeinen organisatorischen Verbesserungen der Planung und Steuerung der Instandhaltung wird zunehmend der EDV-Einsatz für diesen Bereich diskutiert, denn "die elektronische Datenverarbeitung kann dazu beitragen, die Instandhaltungsleistung zu verbessern und die Instandhaltungskosten zu senken" (HACKSTEIN, PFENNIG 1986, S. 40).

Diese Feststellungen bestätigen Untersuchungen über den aktuellen Stand und zukünftige Entwicklungen des EDV-Einsatzes in der Instandhaltung (vgl. WARNECKE, KRAUS 1980; NÖTHEN 1985; KLEIN 1987 und MIZ 1987). So setzen je nach Branchenzugehörigkeit 9 bis 53 % der Unternehmen bereits EDV-gestützte Hilfsmittel zur Instandhaltungsplanung, -steuerung und -analyse ein, bis zu weitere 56 % planen einen derartigen EDV-Einsatz. Insgesamt halten über 90 % der befragten Unternehmen verschiedener Branchen und Größe eine EDV-Unterstützung der Instandhaltung heute für sinnvoll.

Das zunehmende Interesse an EDV-gestützter Instandhaltungsplanung und -steuerung sowie -analyse führte zur Entstehung eines neuen Marktes entsprechend angebotener Standardsysteme, der eine stark expandierende Zunahme an angebotenen Systemen aufweist (vgl. Abb. 1.1). So stieg die Zahl der in der Bundesrepublik Deutschland angebotenen Systeme von 9 im Jahre 1980 auf 43 im Jahre 1987.

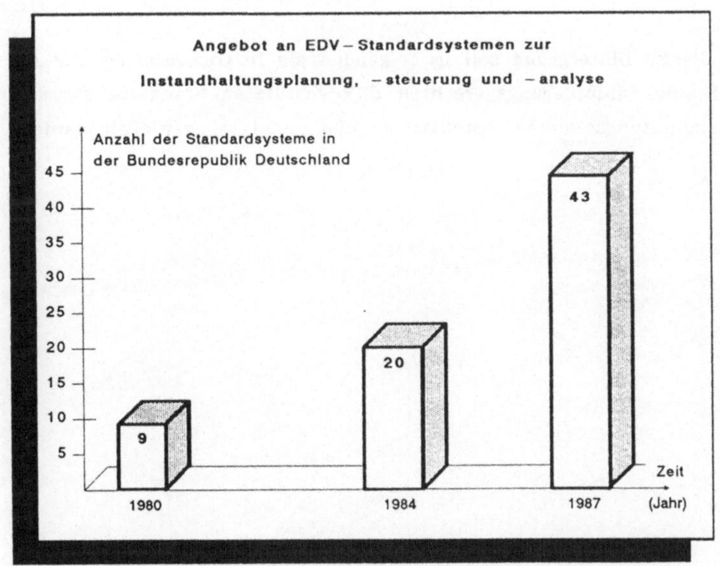


Abb. 1.1: Entwicklung des Marktes der in der Bundesrepublik Deutschland angebotenen EDV-Standardsysteme zur Instandhaltungsplanung, -steuerung und -analyse

Eine weitere Angebotssteigerung ist zu erwarten, da z. B. in Großbritannien bereits 1986 über 50 (vgl. WILSON 1986, S. 3) und in den USA schon 1984 mehr als 200 Standardsysteme (vgl. BOSE 1984, S. 69) angeboten wurden.

Das steigende Marktangebot bietet dem zukünftigen EDV-Nutzer zwar ein breites Systemspektrum, stellt ihn jedoch vor das Problem, aus der Vielfalt unterschiedlicher Systeme das System herauszufinden, das seinen unternehmensspezifischen Anforderungen best möglichst entspricht. Diese Problematik begründet sich darin, "daß zum einen den EDV-Abteilungen in Unternehmen oft der Marktüberblick über die angebotenen Systeme, deren Leistungsmöglichkeit und Ausbaufähigkeit fehlt, zum anderen Instandhalter sich in der Fachterminologie der EDV-Experten nicht ausreichend zurechtfinden" (HACKSTEIN, SENT 1987, S. 55). Aber gerade die Auswahl eines betriebsspezifisch bestgeeigneten EDV-Systems ist u. a. notwendige Voraussetzung für den Erfolg des EDV-Einsatzes in der Instandhaltung (vgl. HACKSTEIN, PFENNIG 1986, S. 40).

Vor diesem Hintergrund soll im folgenden ein Instrumentarium zur Auswahl eines anforderungsgerechten EDV-gestützten Standardsystems zur Instandhaltungsplanung, -steuerung- und -analyse entwickelt werden.

## 2 Begriffsdefinitionen und Abgrenzungen

### 2.1 Instandhaltung

Kaum ein Bereich innerhalb eines Betriebes oder Unternehmens hat ein so breit gefächertes Aufgabengebiet wie die Instandhaltung. Diese Aufgabenvielfalt führte in der Vergangenheit zu einer großen Anzahl unterschiedlicher Definitionen der Instandhaltung und ihrer Aufgaben. "Es muß deutlich herausgestellt werden, daß die größte Verwirrung bei den Gesprächen über Instandhaltung dadurch entsteht, daß das eine Werk Wartung sagt und Inspektion meint, das andere Werk von Revision spricht, und Erhaltung denkt und wieder ein anderes Unternehmen die Inspektion der Kontrolle gleichsetzt" (RENKES 1969, S. 1226).

Daher war es unumgänglich, eine allgemein anerkannte Definition des Instandhaltungsbegriffes zu schaffen. Dieses Bestreben mündete in der Formulierung der DIN 31051 (1985), die Instandhaltung als Oberbegriff für den gesamten Aufgabenkomplex definiert, der gegliedert wird in die Bereiche Wartung, Inspektion und Instandsetzung (vgl. Abb. 2.1).

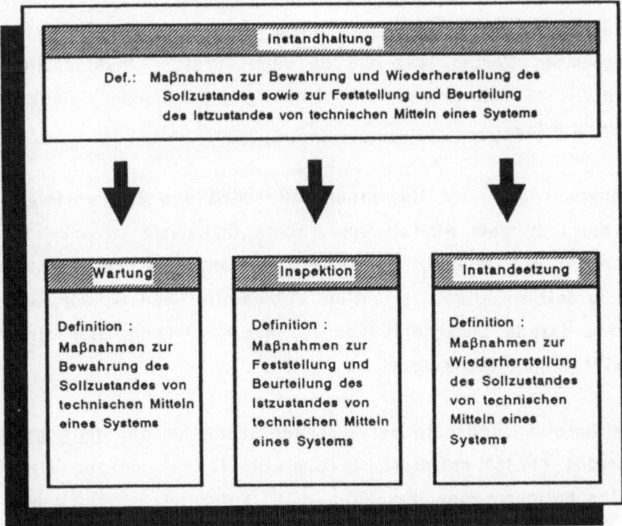


**Abb. 2.1:** Definition und Gliederung der Instandhaltung nach DIN 31051

__Instandhaltung__ schließt alle Maßnahmen zur Bewahrung und Wiederherstellung des Sollzustandes sowie zur Feststellung und Beurteilung des Istzustandes von technischen Mitteln eines Systems ein.

Unter dem Begriff __Wartung__ sind alle Maßnahmen zur Bewahrung des Sollzustandes zu verstehen. Sie stellen einen wesentlichen Bestandteil der Instandhaltung von Fertigungsanlagen dar. So wird z. B. angenommen, daß durch eine geplante Durchführung der Wartung an Hydraulikanlagen etwa 20 - 30 % der Störungen zu vermeiden sind, die ungeplant auftreten und dann aufgrund der erforderlichen Instandsetzungen zu erheblichen Maschinenstillstandszeiten führen (vgl. NARTEN 1981, S. 1037).

Demzufolge handelt es sich bei der Wartung um vorbeugende Maßnahmen mit dem Ziel, störungsbedingte Maschinenausfälle zu verhindern und die Lebensdauer so zu verlängern, daß die Gesamtkosten der Anlage minimiert werden (vgl. MEYER 1981, S. 680).

Nach der DIN 31051 beinhaltet die Inspektion alle Maßnahmen zur Feststellung und Beurteilung des Istzustandes. Maßnahmen, die bei der Inspektion durchgeführt werden, sind u.a. "Messen" und "Prüfen" (vgl. MEYER 1981, S. 692). "Messen" ist hierbei die experimentelle Ermittlung eines bestimmten Wertes, während es beim "Prüfen" festzustellen gilt, ob Fehlergrenzen, Toleranzen oder andere vorgeschriebene Bedingungen eingehalten werden.

Mit den Inspektionen des Maschinenparks wird das Ziel verfolgt, evtl. defekte Teile vor dem Ausfall der Anlage frühzeitig zu erkennen und Maßnahmen für den rechtzeitigen Austausch bzw. die Instandsetzung in die Wege zu leiten. Außerdem sollen Verschleiß- und Schadensursachen erkannt und daraus Entscheidungen für einen wirtschaftlich sinnvollen Weiterbetrieb abgeleitet werden.

Der dritte Bereich innerhalb der Instandhaltung ist die __Instandsetzung.__ Die DIN 31051 (1985) definiert sie als alle Maßnahmen zur Wiederherstellung des Sollzustandes. Sie kann z. B. aufgrund der zeitlichen Reihenfolge der Einzeltätigkeiten eingeteilt werden in

- Demontage,
- Reinigung,
- Schadens- und Verschleißsuche,
- Ausbau der defekten Bauteile und Einbau von Ersatzteilen, bzw.
- Ausbesserung von Bauteilen im ein- oder ausgebauten Zustand,
- Austausch von Hilfsstoffen,
- Montage,
- Einstellen und Justieren,
- Wiederinbetriebnahme sowie
- zeitunabhängig das Anfertigen von Ersatzteilen (vgl. MEYER 1981, S. 737 f.).


## 2.2 Instandhaltungsplanung, -steuerung und -analyse

Die Instandhaltung kann nicht nur durch die Begriffe Wartung, Inspektion und Instandsetzung beschrieben, sondern auch als ein ablauforganisatorischer Prozeß betrachtet werden, der sich in die Teilgebiete Instandhaltungs-Arbeitsplanung, -Planung und -Steuerung sowie -Analyse unterteilen läßt (vgl. KLEIN 1987, S. 6), die die eigentliche Durchführung der Instandhaltungsarbeiten umrahmen.

Die von der Produktion ausgehenden Instandhaltungsaufträge werden entweder von der Instandhaltungs-Arbeitsplanung durch einen Instandhaltungsarbeitsplan ergänzt oder gehen direkt an die Instandhaltungs-Planung, wo eine termin- und kapazitätsmäßige Einplanung erfolgt.

Anschließend werden die Instandhaltungsaufträge zur Instandhaltungssteuerung weitergeleitet, der die Abwicklung und Koordination der Instandhaltungsaufträge obliegt. Schließlich erfolgt innerhalb der Instandhaltungs-Analyse die Auswertung der während der Auftragsdurchführung anfallenden Daten und die Erarbeitung von Verbesserungsvorschlägen, die zurückfließen in die Instandhaltungs-Arbeitsplanung sowie in die Instandhaltungs-Planung und -Steuerung.

Obwohl von Instandhaltungs-Steuerung gesprochen wird, sei an dieser Stelle angemerkt, daß es sich nicht um eine "Steuerung" im eigentlichen Sinne, sondern vielmehr um eine "Regelung" handelt. Während die Steuerung einen offenen Wirkungsablauf aufweist, bezieht das Prinzip der Regelung eine Kontrolle mit ein und strebt so die Erreichung eines vorgegebenen Sollwertes auch unter Einwirkung von Störgrößen an (vgl. HACKSTEIN 1985, S. 36 ff.).

Die Begriffe Instandhaltungs-Arbeitsplanung und Instandhaltungs-Planung und -Steuerung sind abgeleitet von synonymen Begriffen der Arbeitsplanung und Produktionsplanung und steuerung (PPS) (vgl. HACKSTEIN 1985, S. 14 ff.), da in der Instandhaltung gewisse Parallelen hinsichtlich der Entwicklung und dem Vordringen von EDV-Systemen zu beobachten sind (vgl. HACKSTEIN, KLEIN 1987, S. 241).

Im weiteren Verlauf der Arbeit erfolgt eine Beschränkung der Untersuchung über den EDV-Einsatz in der Instandhaltung auf die Funktionen der Instandhaltungsplanung und -steuerung sowie -analyse, da diese Funktionen den Kristallisationspunkt bisheriger Bemühungen zur Unterstützung der Instandhaltung durch EDV bilden.

Die der vorliegenden Arbeit zugrundeliegende Gliederung der Instandhaltungsplanung und -steuerung sowie -analyse (vgl. Abb. 2.2) stützt sich auf die Funktionsgliederung von HACKSTEIN, KLEIN (1987, S. 243 ff.).

Die _Instandhaltungsprogrammplanung_ bildet die erste Funktionsgruppe der Instandhaltungsplanung. Sie legt Zeit- und Mengenangaben über zukünftige Instandhaltungsarbeiten innerhalb einer Planungsperiode fest. Ausgangspunkt ist dabei die Prognoserechnung, durch die der notwendige Bedarf aufgrund von Strategieregeln abgeschätzt wird. Mit der Grobplanung schließt sich eine grobe Termin- und Kapazitätsplanung an. Die Vorlaufsteuerung plant und kontrolliert die auftragsabhängigen Maßnahmen der Instandhaltungsarbeitsplanung, z. B. der Arbeitsplanerstellung und anderer Bereiche. Die Auftragsverwaltung verarbeitet Auftragseingänge, -änderungen, -annullierungen und -fertigmeldungen.

Bei der _Termin- und Kapazitätsplanung_ werden zunächst in Absprache mit der Produktion die Prioritäten der Instandhaltungsaufträge festgelegt. Die Durchlaufterminierung ermittelt anschließend Start- und Endtermine der Instandhaltungsaufträge und ihrer Arbeitsvorgänge. Aus den terminierten Instandhaltungsaufträgen leitet die Kapazitätsbedarfsrechnung den Kapazitätsbedarf je Kapazitätsgruppe (Betriebsmittel-/Personalgruppe) für die relevante Planungsperiode ab. Die Kapazitätsangebotsermittlung erarbeitet das zur Verfügung stehende Angebot an Personal sowie Instandhaltungsbetriebsmitteln. Anschließend werden Bedarf und Angebot im Rahmen der Kapazitätsabstimmung gegenübergestellt und abgeglichen. Die Ergebnisse bilden die Eingangsgrößen der Reihenfolgeplanung, die die Reihenfolge der zur Bearbeitung an den Kapazitätseinheiten anstehenden Instandhaltungsaufträge/Arbeitsvorgänge nach ausgewählten Kriterien, z. B. Prioritäten, festlegt.

| Teilgebiete der Instandhaltung | Funktionsgruppen | Funktionen |
|---|---|---|
| Instandhaltungs- | Instandhaltungs-progammplanung | Prognoserechnung<br>Grobplanung<br>Vorlaufsteuerung<br>Auftragsverwaltung |
| Planung | Termin- und Kapazitätsplanung | Prioritätsvergabe<br>Durchlaufterminierung<br>Kapazitätsbedarfsrechnung<br>Kapazitätsangebotsermittlung<br>Kapazitätsabstimmung<br>Reihenfolgeplanung |
| Planung | Mengenplanung | Materialbedarfsbestimmung<br>Materialbeschaffungsrechnung<br>Materialreservierung<br>Materialbestandsführung |
| Steuerung | Auftrags-veranlassung | Verfügbarkeitsprüfung<br>Auftragsfreigabe<br>Arbeitsbelegerstellung<br>Arbeitsverteilung<br>Transportsteuerung |
| Steuerung | Auftrags-überwachung | Arbeitsfortschrittserfassung<br>Kapazitätsüberwachung<br>Auftragsdatenerfassung |
| Instand-haltungs-analyse | Abweichungs-analyse | Abweichungsbestimmung<br>Abweichungsursachenermittlung |
| Instand-haltungs-analyse | Schwachstellen-analyse | Schadensanalyse<br>Schwachstellenbestimmung |



<u>Abb. 2.2:</u> Gliederung der Funktionen der Instandhaltungsplanung, -steuerung und -analyse (in Anlehnung an HACKSTEIN, KLEIN 1987, S. 242)

In der Funktionsgruppe <u>Mengenplanung</u> wird im Rahmen der Materialbedarfsbestimmung die mengen- und terminmäßige Bestimmung des Brutto- und Nettobedarfs an Material, z. B. Ersatzteile sowie Hilfs- und Betriebsstoffe, vorgenommen. Die Materialbeschaffungsrechnung faßt anschließend den Bedarf gleicher Materialien zusammen und legt Menge und Termin der Beschaffung unter Optimierungsaspekten fest. Die Materialreservierung ordnet zeitlich und mengenmäßig genau frei verfügbare Lagerbestände bestimmten Aufträgen zu. Die Materialbestandsführung versieht die Aufgabe, Lagerzu- und -abgänge zu erfassen und zu verbuchen.

Innerhalb der Funktionsgruppe <u>Auftragsveranlassung</u> erfolgt die kurzfristige Durchsetzung der Planungsvorgaben. So wird durch die Verfügbarkeitsprüfung die Verfügbarkeit der benötigten Materialien, Personal- und Betriebsmittelkapazitäten überprüft und die in eine bestimmte Freigabeperiode fallenden Aufträge durch die Auftragsfreigabe freigegeben. Aufgabe der Arbeitsbelegerstellung ist die Erstellung aller benötigten Arbeitspapiere, die zusammen mit den Instandhaltungsaufträgen im Rahmen der Arbeitsverteilung auf die verschiedenen Personen- oder auch Maschinengruppen verteilt werden. Die Funktion Transportsteuerung steuert durch entsprechende Anweisungen unterschiedliche Transportsysteme zur Beförderung von Instandhaltungsobjekten, Personen, Materialien, usw..

Im Rahmen der Funktionsgruppe <u>Auftragsüberwachung</u> sind die Zustandsänderungen der Aufträge und Kapazitätseinheiten zu erfassen und zu verwalten. Dabei überwacht die Arbeitsfortschrittserfassung Terminabweichungen, während die Kapazitätsüberwachung die Kapazitätseinheiten kontrolliert und gegebenenfalls Instandsetzungen zur Sicherung der Kapazitätsverfügbarkeiten veranlaßt (vgl. BRANKAMP, BARZ, KAEHLER 1982, S. 20 f.). Innerhalb der Auftragsdatenerfassung werden die Istdaten aufgenommen, die die Arbeitsergebnisse der Instandhaltungsmaßnahme darstellen.

Die <u>Abweichungsanalyse</u> basiert auf den Ergebnissen der Auftragsüberwachung und erfüllt die Aufgabe eines Korrektivs für die Instandhaltungsplanung. In der Abweichungsbestimmung werden die Planungsabweichungen, z. B. der Ist- von den Sollzeiten oder -kosten, ermittelt. Die sich anschließende Abweichungsursachenermittlung hat zum Ziel, die Ursachen der Abweichungen, beispielsweise falsche Planungswerte, aufzudecken.

Die Funktionsgruppe Schwachstellenanalyse[1] dient der Schadensvorbeugung an den Instandhaltungsobjekten. Im Rahmen der Schadensanalyse werden häufig auftretende bzw. kostspielige Schäden ermittelt, untersucht und deren Ursachen erforscht. Die Schwachstellenbestimmung verdichtet die Ergebnisse der Abweichungs- und Schadensanalyse zu Maßnahmen zur Beseitigung der Schadensursachen.

Aufgabe der Datenverwaltung ist es, die im Rahmen der Instandhaltungsplanung und -steuerung sowie -analyse anfallenden Daten zu erfassen, aufzubereiten und für einzelne Funktionen erforderliche Daten bereitzustellen.

## 2.3 EDV-Unterstützung der Instandhaltungsplanung und -steuerung sowie -analyse

Aufgrund der vielfältigen Aufgaben und dem zunehmend größer werdenden Volumen verarbeitungsrelevanter Daten werden vermehrt Hilfsmittel zur Unterstützung der Aufgaben der Instandhaltungsplanung und -steuerung sowie -analyse eingesetzt. Hierbei spielt der Einsatz der elektronischen Datenverarbeitung (EDV) eine entscheidende Rolle, die Ausdruck fand in der Entwicklung von EDV-gestützten Instandhaltungsplanungs-, -steuerungs- und -analysesystemen.

Im allgemeinen wird unter einem System die Gesamtheit von Elementen und deren Beziehungen untereinander verstanden, die einem bestimmten Zweck dienen (vgl. REFA 1985, S. 80 ff.). In Anlehnung an WIESE (1977, S. 8), der eine entsprechende Fragestellung für Fertigungssteuerungssysteme diskutiert, sind bei einem Instandhaltungsplanungs-, -steu-

---

[1] Eine Schwachstelle ist "eine durch die Nutzung bedingte Schadenstelle oder schadensverdächtige Stelle, die mit technischen und wirtschaftlich vertretbaren Mitteln so verändert werden kann, daß Schadenshäufigkeit und /oder Schadensumfang sich verringern" (DIN 31051 1985, S. 4).

erungs- und -analysesystem hierunter als Elemente die Geräte und Verfahrensvorschriften zu verstehen, die zur Ausführung der Funktionen der Instandhaltungsplanung und -steuerung sowie -analyse dienen.

Unter den Begriff "Geräte" fallen in diesem Zusammenhang sowohl konventionelle Hilfsmittel, wie z. B. Karteien oder Plantafeln, als auch die materiellen Teile eines EDV-Systems, z. B. die Hardware (vgl. EVERSHEIM 1981, S. 68 ff.). Verfahrensvorschriften werden entweder personell oder mit Unterstützung der EDV durch Programme ausgeführt.

Demzufolge ist unter einem EDV-gestützten Instandhaltungsplanungs- und -steuerungs- sowie -analysesystem in Anlehnung an SCHOMBURG (1980, S. 15), der EDV-gestützte Systeme für die Produktionsplanung und -steuerung definiert, ein System zu verstehen, bei dem mindestens eine Funktion der Instandhaltungsplanung und -steuerung sowie -analyse, z. B. die Durchlaufterminierung, mit Hilfe der EDV ausgeführt wird.

Die in Kapitel 2.2 erläuterten Funktionen der Instandhaltungsplanung und -steuerung weisen eine begriffliche Übereinstimmung mit den Funktionen der Produktionsplanung und -steuerung (PPS) auf (vgl. HACKSTEIN, KLEIN 1987, S. 241). Dies führt im Praxissprachgebrauch zur Verwendung des Begriffes "IPS" (Instandhaltungsplanung und -steuerung) für die Instandhaltungsplanung und -steuerung. Dies soll auch im weiteren Verlauf der vorliegenden Arbeit geschehen, wobei diesem Begriff auch die Funktionen der Instandhaltungsanalyse zugeordnet werden.

Während der Begriff "EDV-gestütztes IPS-System" also allgemein den EDV-Einsatz zur Instandhaltungsplanung und -steuerung sowie -analyse kennzeichnet, ist von ihm der Begriff "IPS-Standardsystem" abzugrenzen. Diese Bezeichnung hat sich in jüngster Zeit für auf dem Markt angebotene Anwendungssoftware mit zugehöriger Hardware und Systemsoftware durchgesetzt (vgl. SCHEER 1983, S. 138 f.; BRIEF 1984, S. 14 ff.). Ein Kennzeichen von Standardsystemen ist hierbei insbesondere die Anwendbarkeit nicht nur für einen konkreten Anwendungsfall, sondern - im Rahmen eines vertretbaren Anpassungsaufwandes - die Anwendbarkeit für einen großen Kreis zukünftiger Nutzer von EDV-gestützter Instandhaltungsplanung und -steuerung sowie -analyse.

# 3 Stand der Forschung

Mit der zunehmenden Bedeutung der Instandhaltung für den Unternehmenserfolg befaßt sich eine in den letzten Jahren stetig steigende Vielzahl von Arbeiten aus Forschung und Praxis mit dem EDV-Einsatz in der Instandhaltung. Entsprechend dem im Rahmen dieser Arbeit angesprochenen Problemkreis lassen sich die Beiträge folgenden Themengebieten zuordnen:

1. Beschreibung der Funktionen von EDV-gestützten IPS-Systemen,
2. Gegenüberstellung angebotener IPS-Standardsysteme und
3. Angewandte Methoden zur Auswahl von EDV-Systemen.

Im folgenden sollen die Arbeiten der einzelnen Themenbereiche im Hinblick auf die Zielsetzung der vorliegenden Arbeit betrachtet werden.

## 3.1 Beschreibung der Funktionen von EDV-gestützten IPS-Systemen

Die meisten der zur Thematik des EDV-Einsatzes in der Instandhaltung existierenden Arbeiten beschäftigen sich mit den Funktionen der Instandhaltung, die durch die EDV wirkungsvoll zu unterstützen sind. Die Abbildung 3.1 zeigt eine Übersicht von Veröffentlichungen den dieser Gruppe zuzuordnenden Autoren. Alle Arbeiten weisen als Charakteristikum auf, daß im Vordergrund der Betrachtungen vor allem die Beschreibung der Leistungsmerkmale einzelner Programmodule steht, die insgesamt mögliche Leistungsbreite von EDV-gestützten IPS-Standardsystemen aber in keiner Arbeit erläutert wird. Dennoch enthalten diese Beiträge eine Reihe wertvoller Hinweise für die Entwicklung eines Kriterienkataloges zur Auswahl von IPS-Standardsystemen.

Weitere Arbeiten befassen sich mit der Formulierung der betrieblichen Anforderungen, die an den EDV-Einsatz für die IPS zu stellen sind. So leitet KLEIN (1987) Entscheidungshilfen zur anforderungsgerechten Gestaltung des Informationswesens in der Instandhaltung ab.

WEINGÄRTNER (1988) entwickelt ein Instrumentarium zur systemati-

schen Ermittlung der Anforderungen an EDV-gestützte Instandhaltungs-
planungs- und -steuerungssysteme. Vor allem die Arbeit des letztge-
nannten Autors kann einen Ansatz für die Entwicklung eines Instrumentariums zur Auswahl von IPS-Standardsystemen liefern.

| Autoren / Funktionsgruppen | Instandhaltungs-programmplanung | Termin- und Kapazitätsplanung | Mengenplanung | Auftragsveranlassung | Auftragsüberwachung | Abweichungsanalyse | Schwachstellen-analyse | Datenverwaltung |
|---|---|---|---|---|---|---|---|---|
| ALLCOCK 1985 | ● | ● | | | | | | ● |
| BAUERNFEIND 1984 | ● | ● | ● | ● | ● | | ● | ● |
| BOSE 1984 | | | ● | | | | | ● |
| ENSCORE, BURNS 1983 | ● | ● | | ● | ● | | | ● |
| GIESEBRECHT 1986 | | | ● | ● | ● | | ● | ● |
| GREINER 1985 | | ● | | ● | ● | | | ● |
| GROTHUS 1982 | | ● | ● | ● | | | ● | ● |
| GUTTROPF, MÜLLER 1983 | | | | ● | | | ● | ● |
| HANNAK, GIESLER 1980 | | | | ● | ● | | ● | ● |
| HANNAK, GIESLER 1981 | | | ● | | | ● | ● | ● |
| HINRICHS 1985 | | ● | ● | ● | ● | ● | ● | ● |
| JACOBI, KLUMPP 1982 | | ● | ● | ● | ● | ● | ● | ● |
| KERL, JANISCH 1981 | | ● | ● | ● | ● | | ● | ● |
| KÖHLER 1985 | | | | ● | | | | ● |
| KOLLISKI 1978 | ● | ● | ● | ● | ● | | | ● |
| LAAK 1983 | | | ● | | | | ● | ● |
| LEWANDOWSKI 1986 | | ● | ● | ● | ● | ● | | ● |
| MARINELLO 1982 | | ● | ● | ● | ● | | ● | ● |
| NAUMANN 1984 | | | | ● | ● | | | ● |
| PAUER 1978 | | ● | | ● | ● | | | ● |
| POESTGES 1986 a | | ● | ● | ● | ● | ● | ● | ● |
| RASCHKE, SCHAUFLER 1985 | | ● | | | ● | | ● | ● |
| REENTS 1983 | | ● | | ● | ● | | | ● |
| SALIS 1986 | | ● | ● | ● | ● | | ● | ● |
| SCHEIFINGER 1985 | | ● | ● | ● | ● | | | ● |
| SCHIRMACHER, SCHMUTZER 1984 | | | | ● | | | ● | ● |
| SEILER, WIEDERHOLD 1984 | | ● | ● | ● | ● | | ● | ● |
| SIEBEL, WEISS 1986 | | ● | | ● | ● | ● | ● | ● |
| TAUBERT 1986 | | ● | | ● | ● | | ● | ● |
| WARNECKE, JACOBI 1980 | | ● | ● | ● | ● | ● | ● | ● |
| WILSON 1986 | | ● | ● | ● | | | ● | ● |

<u>Abb. 3.1:</u> Zusammenstellung bisheriger Arbeiten zur Beschreibung von
EDV-gestützten Instandhaltungsplanungs- und -steuerungs-
funktionen

## 3.2 Gegenüberstellung angebotener IPS-Standardsysteme

Grundlage für die Auswahl eines IPS-Standardsystems ist trivialerweise die Kenntnis des aktuellen Marktangebotes. Eine erste Hilfestellung zur Ermittlung eines Überblickes über den Stand des Marktes bietet der von NOMINA (1987) herausgegebene "ISIS Engineering Report", der aufgrund seiner halbjährigen Erscheinungsweise der Forderung nach Aktualität nachkommt. Allerdings weist er nur 8 IPS-Systeme auf, deren Funktionsumfang zwar produktspezifisch, doch sehr allgemein beschrieben werden.

In der von HARTUNG (1985) vorgestellten Studie des Forschungsinstitutes für Rationalisierung werden 21 Programmpakete angeführt. Allerdings erfolgt nur eine pauschale Betrachtung des von den Systemen insgesamt angebotenen Leistungsumfanges, so daß auch diese Arbeit einen direkten Leistungsvergleich nicht zuläßt. Weitere Arbeiten (vgl. N.N. 1986 und BREER, WEINGÄRTNER 1987) berücksichtigen zwar mehr Systeme, doch auch hier finden sich keine Untersuchungen über die Leistungsfähigkeit einzelner Systeme.

Eine Gegenüberstellung von IPS-Standardsystemen ist erst in der jüngsten Vergangenheit von verschiedenen Autoren unternommen worden. Der von MEIER (1987, S. 66) erarbeitete Katalog von IPS-Standardsystemen weist 12 unterschiedliche Systeme auf, die nach 42 Merkmalen unterschieden werden (vgl. Abb. 3.2).

| Autor | Anzahl | |
|---|---|---|
| | Systeme | Merkmale |
| MEIER (1987) | 12 | 42 |
| PLÜM (1987) | 20 | 38 |
| KEARNEY (1987) | 30 | 21 |

**Abb. 3.2:** Übersicht der aktuellen Gegenüberstellungen von IPS-Standardsystemen

Die Arbeit von PLÜM (1987, S. 9 f.) beurteilt 20 Systeme nach 38 Merkmalen. Die von KEARNEY (1987, S. 1 ff.) erarbeitete Marktanalyse weist 43 Instandhaltungs-Softwareanbieter aus, jedoch muß diese Zahl auf 30 Systeme reduziert werden , da zum Teil Doppelnennungen auftreten, keine detaillierten Angaben erfolgen und vom Markt zurückgezogene sowie PPS-Systeme (vgl. Kap. 2) aufgeführt werden. Die verbliebenen IPS-Standardsysteme unterliegen einer Beurteilung nach 21 verschiedenen Merkmalen.

Als Ergebnis der Untersuchung über vorhandene Markterhebungen zu EDV-gestützten IPS-Standardsystemen kann zusammenfassend festgestellt werden, daß die Systemvergleiche wertvolle Hinweise und Orientierungshilfen bieten. Für die vorliegende Problemstellung der Entwicklung eines Instrumentariums für die Auswahl von IPS-Standardsystemen nach unternehmensspezifischen Anforderungen eignen sie sich jedoch nicht. Zum einem liegt die Zahl der untersuchten Systeme z. T. deutlich unter dem tatsächlichen Marktangebot (vgl. Abb. 1.1), zum anderen wird eine Beurteilung der IPS-Standardsysteme mit Hilfe von Merkmalen durchgeführt, die eine Abbildung der unternehmensspezifischen Anforderungen nicht gewährleisten. Von entscheidender Bedeutung für die Beurteilung der genannten Arbeiten ist die Tatsache, daß sie keine Vorgehensweise zur Durchführung einer Auswahl liefern.

## 3.3 Angewandte Methoden zur Auswahl von EDV-Systemen

Die stetig steigende Zahl von Programmpaketen für unterschiedliche Aufgabenstellungen macht die Entwicklung problemspezifischer Auswahlmethoden unumgänglich. Die Abbildung 3.3 zeigt eine Zusammenstellung von Arbeiten, die sich der Auswahlproblematik für verschiedene, technisch orientierte Zielsetzungen widmen.

Wie aus Abbildung 3.3 hervorgeht, stellt die Nutzwertanalyse eine geeignete Methode zur Auswahl von Softwarepaketen dar. Sie wurde u. a. eingesetzt für die Auswahl von Netzplanprogrammen zur Termin- und Kapazitätsplanung (BULLINGER, DANGELMAIER, HICHERT 1974), Datenbanksoftware (NIESING 1976), Systemen zur Grobplanung der Produktion (PITRA 1982), NC-Programmiersystemen (KURTH 1972 und GRANOW,

HESSELMANN, WELLER 1983), Arbeitsplanungssystemen (KLUGE 1984),
Feinauswahl von PPS-Systemen (BRIEF 1984) sowie von CAD-Systemen
(DRIEDGER 1986).

| Autoren | Zielsetzung | Methode |
|---|---|---|
| BULLINGER, DANGELMAIER, HICHERT 1974 | Auswahl von Netzplan-programmen zur Termin- und Kapazitätsplanung | Nutzwertanalyse |
| NIESING 1976 | Auswahl von Datenbanksoftware | Nutzwertanalyse |
| PITRA 1982 | Auswahl von Systemen zur Grobplanung der Produktion | Nutzwertanalyse |
| SPEITH 1982 | Auswahl von Standardsystemen der PPS | Zuordnung betriebstypischer Anforderungsprofile zu Systemklassen |
| KURTH 1972; GRANOW, HESSMANN, WELLER 1983 | Auswahl von NC-Programmiersystemen | Nutzwertanalyse |
| KLUGE 1984 | Auswahl von Arbeitsplanungssystemen | Nutzwertanalyse |
| BRIEF 1984 | Feinauswahl von PPS-Systemen | Nutzwertanalyse |
| DRIEDGER 1986 | Auswahl von CAD-Systemen | Nutzwertanalyse |

Abb. 3.3: Zusammenstellung angewandter Methoden zur Auswahl
von technisch orientierter Software

Eine andere Methode zur Auswahl von PPS-Standardsystemen wählt
SPEITH (1982). Er entwickelt eine Typologie von Maschinenbaubetrieben
und ordnet anschließend die Betriebe bestimmten Betriebstypen zu. Für
jeden dieser Betriebstypen werden die Anforderungen an die Produktionsplanung und -steuerung hergeleitet und zu einem Anforderungsprofil
verdichtet. Die Gegenüberstellung der Anforderungsprofile der Betriebstypen mit den Leistungsprofilen der am Markt angebotenen PPS-Stan-
dardsysteme erlaubt die Zuordnung von geeigneten PPS-Standardsystemen zu dem auswählenden Maschinenbaubetrieb.

Dem Vorteil der schnellen und einfachen Handhabung dieser Methode stehen jedoch einige Nachteile gegenüber, die eine vollständige Übertragung auf die in dieser Arbeit zu behandelnden Problemstellung nicht ermöglicht. So verhindert der Ansatz von SPEITH 1982) u. a.

- eine betriebsspezifische Auswahl (Das Anforderungsprofil gilt nicht für einen Betrieb, sondern für einen Betriebstyp.),

- eine Bewertung der Systemalternativen (Alle Systeme, die einem Betriebstyp zugeordnet werden, gelten prinzipiell als gleichermaßen geeignet.) und

- eine unbegrenzte Aufnahme neuer Standardsysteme in das Auswahlverfahren (Aufgrund der hohen Steigerungsrate der auf dem Markt angebotenen Standardsysteme erhöht sich zwangsläufig die Anzahl der Systeme, die einem Betriebstyp zugeordnet werden. Dies führt wiederum zu einem Auswahlproblem.).

Als Resumee zu den in Abbildung 3.3 zusammengestellten Arbeiten ist zu sagen, daß sie wertvolle Hinweise für die Auswahl von IPS-Standardsystemen liefern, z. B. die Nutzwertanalyse als geeignetes Auswahlverfahren. Es verbleibt jedoch anzumerken, daß keine der von den Autoren entwickelten Methoden der Nutzwertanalyse direkt auf die Auswahl von IPS-Standardsystemen übertragen werden kann. Eine wesentliche Ursache liegt in den grundsätzlichen Unterschieden des Zielsystems, nach dem die verschiedenen Systeme - vor allem deren Anwendungssoftware - zu differenzieren sind. Ein Zielsystem für die Auswahl eines IPS-Standardsystems existiert bislang noch nicht.

Zudem verursacht die stetig wachsende Anzahl angebotener IPS-Standardsysteme einen immer größer werdenden Aufwand zur Durchführung der Nutzwertanalyse für alle Systeme. Zur Reduzierung dieses Aufwandes muß daher vor der Nutzwertanalyse eine Grobauswahl erfolgen, die die Anzahl der unternehmensspezifisch geeigneten IPS-Standardsysteme erheblich verringert. Hierzu kann der Ansatz von SPEITH (1982) herangezogen werden, der jedoch stark zu modifizieren ist, um seine oben aufgelisteten Nachteile zu vermeiden.

Ein Instrumentarium, das sowohl die Vorgehensweise zur Auswahl von IPS-Standardsystemen als auch die dazu erforderlichen Planungshilfen, z. B. zur Ermittlung der unternehmensspezifischen Gewichtungsfaktoren für die Nutzwertanalyse, umfaßt, existiert bislang noch nicht. Dieser Problematik will sich die vorliegende Arbeit widmen.

## 4 Grundlagen des zu entwickelnden Instrumentariums zur Auswahl von IPS-Standardsystemen

In diesem Kapitel werden neben der Eingrenzung des Geltungsbereiches die Anforderungen an das zu entwickelnde Instrumentarium formuliert. Im Anschluß erfolgt die Erläuterung des grundsätzlichen Konzeptes des Instrumentariums.


### 4.1 Eingrenzung des Geltungsbereiches

Im Rahmen der vorliegenden Arbeit soll ein Instrumentarium entwickelt werden, das die Auswahl eines IPS-Standardsystems nach unternehmens-spezifischen Anforderungen ermöglicht. Es ist somit erforderlich, den Geltungsbereich sowohl unter IPS-systemseitigen als auch unterneh-mensspezifischen Gesichtspunkten zu betrachten. Die systemseitige Ab-grenzung des Geltungsbereiches des Instrumentariums ergibt sich aus der Festlegung des zu untersuchenden Leistungsumfanges der IPS-Standard-systeme. Da im Rahmen dieser Arbeit eine Beschränkung auf die In-standhaltungsplanung und -steuerung sowie -analyse erfolgen soll (vgl. Kap. 2.2), bilden deren Funktionen, ergänzt um die Funktionen der Datenverwaltung, den zu betrachtenden Leistungsumfang der IPS-Stan-dardsysteme. Sie stellen somit die systemseitige Abgrenzung des Gel-tungsbereiches des Auswahlinstrumentariums dar (vgl. Abb. 2.2).

Eine Eingrenzung des Geltungsbereiches nach unternehmensspezifischen Gesichtspunkten, wie beispielsweise Branche oder Betriebsgröße, soll nicht vorgenommen werden, da der Einsatz eines IPS-Standardsystems, z. B. auf PC-Basis, auch in kleinen Handwerksbetrieben prinzipiell mög-lich und wirtschaftlich sinnvoll sein kann.


### 4.2 Anforderungen an das zu entwickelnde Instrumentarium

Das im Rahmen dieser Arbeit zu entwickelnde Instrumentarium basiert zum Teil auf empirischen Untersuchungen, wie z. B. Datenerfassungen und Expertenbefragungen. Vor diesem Hintergrund leiten sich aus der Literatur unterschiedliche Anforderungskriterien ab, denen die hier

erarbeitete Vorgehensweise genügen muß. Im einzelnen sind dies die
Kriterien (vgl. MEYER 1973, S. 38 f.; SCHOMBURG 1980, S. 24 ff.;
MASKOW 1981, S. 34 ff.; PITRA 1982, S. 48 ff.; u. a.):

- Praktikabilität,
- Objektivität,
- Reliabilität (Zuverlässigkeit),
- Validität (Gültigkeit),
- Effizienz und
- Aktualität.

Die **Praktikabilität** eines Instrumentariums zeichnet sich dadurch aus,
daß der Anwender es problemlos anwenden kann, wobei ihm Ziel und
Lösungsweg vollkommen verständlich sind (vgl. SCHOMBURG 1980, S. 25
und SPEITH 1982, S. 16). Erst unter diesen Voraussetzungen ist eine
Akzeptanz durch den Anwender und damit der Einsatz des entwickelten
Instrumentariums in der betrieblichen Praxis gewährleistet. Die Praktikabilität des zu entwickelnden Instrumentariums wird anhand eines
realisierten Fallbeispiels (vgl. Kap. 7) überprüft.

Eine Untersuchung zeichnet sich nach DICHTL/KAISER (1978, S. 490)
dann durch **Objektivität** aus, "wenn keiner der daran beteiligten Unter-
sucher verzerrend auf die Ergebnisse einwirkt, sei es bewußt oder unbe-
wußt". Bezogen auf die vorliegende Problemstellung trifft die Forderung
nach Objektivität insbesondere die Erfassung des Leistungsumfanges von
IPS-Standardsystemen. Sie wird deshalb bei der Erläuterung der dazu
erforderlichen Planungshilfen untersucht (vgl. Kap. 5.3 und Kap. 6.3).

Die **Reliabilität** ist definiert als Grad, "in dem die interindividuelle
Streuung der Testergebnisse durch "wahre" interindividuelle Unterschiede erklärbar ist, also nicht zufallsbestimmt ist" (MICHEL 1971, S. 35
f.). Sie "ist also ein Maß für die Fähigkeit der Erhebung, bei einer
Wiederholung zu gleichen Ergebnisse zu gelangen" (BRESSER 1985, S. 70
f). Die Prüfung auf Reliabilität soll, ebenso wie der Nachweis der Objektivität, bei der Diskussion dieser Planungshilfe erfolgen (vgl. Kap. 5.3
und Kap. 6.3).

Eine häufige Definition der **Validität** eines Untersuchungsinstrumentarium bezeichnet sie als den "Grad der Genauigkeit, mit dem ein Test das mißt, was er messen soll" (MICHEL 1971, S. 47). Das Maß der Validität bringt also zum Ausdruck, "in welchen Umfang gewährleistet ist, daß eine Untersuchung die Eigenschaften mißt, die im jeweiligen Zusammenhang von Bedeutung sind bzw. gemessen werden sollen" (BRESSER 1985, S. 73). Die Überprüfung der Validität kann auf alternative Weise erfolgen, nämlich durch (vgl. DICHTL, KAISER 1978, S. 492)

- gedankliche Prüfung oder
- korrelationsanalytische Prüfung.

Der Forderung einer gedanklichen Prüfung wird für die vorliegende Problemstellung in der Form Rechnung getragen, daß die Erarbeitung und Kontrolle des verwendeten Erfassungsinstrumentariums aus sachlogischen Ableitungen erfolgte. Anschließend wurden die Ergebnisse von fachkundigen Mitarbeitern aus Forschung und Praxis überprüft. In einem solchen Falle liegt eine "logische Validität" vor (vgl. LIENERT 1961, S. 254 f.).

"Die **Effizienz** einer Maßnahme ist der Grad der Zielerreichung mit möglichst geringem Aufwand" (STRACK 1987, S. 6). Übertragen auf die vorliegende Problemstellung bedeutet dies, daß die Planungshilfen dann eine hohe Effizienz besitzen, wenn sie mit möglichst geringem Aufwand die Auswahl eines anforderungsgerechten IPS-Standardsystems ermöglichen. Die Erfüllung dieser Forderung wird im Rahmen des in Kapitel 7 demonstrierten Fallbeispieles überprüft und nachgewiesen.

Die **Aktualität** eines Instrumentariums wird ausgedrückt durch ihre "Gegenwartsbezogenheit, Bedeutung für die Gegenwart" (BROCKHAUS 1978, S. 49). Die Gegenwartsbezogenheit erlangt das zu entwickelnde Instrumentarium, wenn es die Möglichkeit bietet, neu entwickelte IPS-Systeme in die Auswahl einzubeziehen bzw. vom Markt zurückgezogene Standardpakete auszuschließen.

Die Aufgabe des folgenden Kapitel soll es nun sein, das Konzept des zu entwickelnden Instrumentariums detailliert zu erläutern.

## 4.3 Konzept des Instrumentariums

Das im Rahmen dieser Arbeit entwickelte Instrumentarium beinhaltet sowohl eine Vorgehensweise zur Auswahl von IPS-Standardsystemen als auch die Planungshilfen, die den Einsatz der Vorgehensweise ermöglichen, bzw. unterstützen.

Das Konzept der Vorgehensweise sieht eine Gliederung in zwei Phasen vor (vgl. Abb. 4.1). Im ersten Teilschritt – der Grobauswahl – wird anhand der betrieblichen Anforderungen an ein IPS-Standardsystem eine Klasseneinteilung der auf dem Markt angebotenen EDV- Systeme vorgenommen. Hierzu liefert das zu entwickelnde Instrumentarium als Planungshilfe Grobauswahlkriterien, mit denen sowohl die unternehmensspezifischen Anforderungen an ein IPS-Standardsystem formuliert als auch eine Analyse der auf dem  Markt vorhandenen Systeme durchgeführt werden können (vgl. Kap. 5.1).

Desweiteren wird zur Durchführung der Klasseneinteilung ein mathematisches Verfahren zur Verfügung gestellt. Ein zukünftiger EDV-Anwender wählt mittels einer Handlungsanleitung die Systemklasse aus, die seine Anforderungen bestmöglichst entspricht (vgl. Kap. 5.2).

Die Anzahl der dieser Klasse zugeordneten Systeme wird anhand von K.O.-Kriterien – z. B. einer anwendungspezifisch geforderten Hardwarekonfiguration – weiter reduziert. Für diesen Schritt ist ebenfalls eine geeignete Planungshilfe zu entwickeln (vgl. Kap. 5.3).

Die zweite Phase der Vorgehensweise stellt die Feinauswahl dar (vgl. Abb. 4.1). In diesem Arbeitsschritt wird mit Hilfe der Nutzwertanalyse eine Rangfolge der im Rahmen der Grobauswahl ermittelten, anforderungsgerechten IPS-Standardsysteme erstellt. Eine unbedingte Voraussetzung zur Durchführung der Nutzwertanalyse stellt die Existenz eines anwendungsfallspezifischen Zielsystems dar. Dies ist ebenfalls im Rahmen der vorliegenden Arbeit zu entwickeln und als Planungshilfe zur Verfügung zu stellen (vgl. Kap. 6.2).

Die Ziele eines Zielsystems, die zur eigentlichen Bewertung der zur Entscheidung anstehenden Alternativen heranzuziehen sind, werden Be-

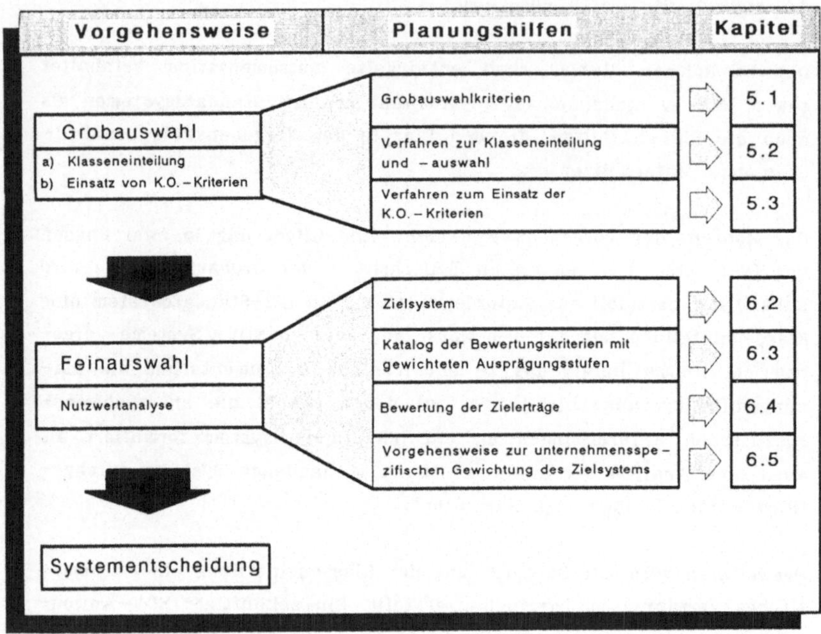



**Abb. 4.1:** Vorgehensweise und Planungshilfen zur Auswahl von IPS-Standardsystemen

wertungskriterien genannt. Die Bewertungskriterien können verschiedene Ausprägungen haben, die zur Zielerreichung unterschiedlich beitragen. Für die Durchführung einer Nutzwertanalyse ist es unbedingt notwendig, für jedes Bewertungskriterium die Ausprägungen zu ermitteln und entsprechend ihrer Bedeutungen für die Zielerreichung des Kriteriums zu gewichten. Die aus dieser Forderung abzuleitende Planungshilfe stellt einen weiteren Schwerpunkt der vorliegenden Arbeit dar und wird in Form eines Kataloges der Bewertungskriterien mit gewichteten Ausprägungsstufen zur Verfügung gestellt (vgl. Kap. 6.3).

Mit der Gewichtung des Zielsystems wird der entscheidende Schritt zur Durchführung einer Nutzwertanalyse angesprochen, da eine Vergabe von unterschiedlichen Gewichtungsfaktoren für die einzelnen Ziele den unternehmensspezifischen Anforderungen Ausdruck verleiht. Die unternehmensspezifischen Anforderungen variieren naturgemäß sehr stark, deshalb verbietet sich die Vorgabe konkreter Gewichtungsfaktoren. Es ist vielmehr erforderlich, als Planungshilfe eine Vorgehensweise zu entwickeln, mit der die spezifischen Anforderungen eines jeweiligen Unternehmens in adäquate Gewichtungsfaktoren transformiert werden können (vgl. Kap. 6.4).

Durch die Anwendung der konzipierten Vorgehensweise und unter Einsatz aller, noch zu detaillierenden, Planungshilfen wird der zukünftige Nutzer eines IPS-Standardsystems in die Lage versetzt, selbständig ein seinen Anforderungen entsprechendes Standardsystem auszuwählen.

Die Aufgabe der folgenden Kapitel soll es nun sein, die Vorgehensweise und Planungshilfen im einzelnen ausführlich zu erläutern.

## 5 <u>Grobauswahl von IPS-Standardsystemen</u>

Durch die Gegenüberstellung von unternehmensspezifischen Anforderungen und Leistungskriterien einzelner Systeme kann die Eignung jedes Systems für einen bestimmten Anforderungsfall bestimmt werden. Eine Gegenüberstellung für jedes System ist jedoch für den praktischen Anwendungsfall kaum effizient.

Die Gründe hierfür liegen einerseits in der großen Anzahl von Kriterien, an denen die Leistungsfähigkeit unterschiedlicher EDV-gestützter IPS-Systeme gemessen werden kann, und andererseits an der zunehmenden Vielfalt des Marktangebotes an IPS-Standardsystemen.

Es ist daher erforderlich, den Datenumfang erheblich zu reduzieren. Eine besonders wirksame Reduzierung ergibt sich aus einer Verringerung sowohl der zu untersuchenden Systeme als auch der zu untersuchenden Leistungskriterien. Diese Anforderungen definieren die Aufgabenstellung einer Grobauswahl. Ihr Ziel muß sein, anhand einer überschaubaren Anzahl von Kriterien die Menge der unternehmensspezifisch am besten geeigneten IPS-Standardsysteme auf eine handhabbare Größe zu reduzieren (vgl. Abb. 5.2). Dabei ist besonderes Augenmerk auf die Anforderung zu legen, daß die Grobauswahlkriterien für jeden betriebsspezifischen Anwendungsfall variierbar sein sollen, da sie spezifisch bestimmt werden müssen.

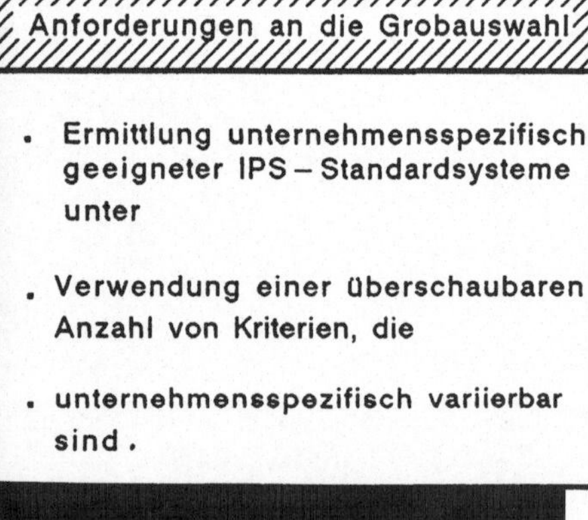


<u>Abb. 5.1:</u> Anforderungen an die Grobauswahl

Aus dem dargelegten Sachverhalt stellt sich zwangsläufig die Frage nach der Ermittlung geeigneter Kriterien, die sowohl unternehmensspezifische Anforderungen repräsentieren, als auch zur Grobauswahl von IPS-Standardsystemen herangezogen werden können.

## 5.1 Ermittlung der Grobauswahlkriterien

Eine erste Hilfestellung zur Ermittlung der Grobauswahlkriterien bietet der Ansatz, bei der Auswahl von Standardsystemen die Hardwarekriterien zunächst zurückzustellen (vgl. HOFFELNER 1985, S. 45; HÜRLIMANN 1986, S. 308; MEIER 1987, S. 65; u. a.).

Die Vorteile dieses Ansatzes liegen einerseits darin, daß fast alle IPS-Standardsysteme auf mehreren Hardwarekonfigurationen lauffähig sind und andererseits die frühzeitige Festlegung auf eine bestimmte Hardware die Auswahl eines anforderungsgerechten Systems verhindern kann.

Da in diesem Zusammenhang zu den Hardwarekriterien auch die Systemsoftware gerechnet werden kann (vgl. MADER, HAGIN 1976, S. 45), verbleibt als weiterer Hauptbestandteil eines EDV-Systems die Anwendungssoftware. Im vorliegenden Falle unterstützt die Anwendungssoftware die Ausführung der Instandhaltungsplanungs-, -steuerungs- und -analysefunktionen. Somit ist es logisch konsequent, die Anforderungen an diese Funktionen (vgl. Kap. 2.2) als Grobauswahlkriterien auszuwählen.

Aufgrund ihrer spezifischen organisatorischen und technischen Gegebenheiten stellen die Unternehmen unterschiedliche Anforderungen an die Funktionen von IPS-Standardsystemen. Diese Anforderungen sind dadurch gekennzeichnet, daß sie entweder nur die Ausführung bestimmter Funktionen, oder aber die Ausführung von Funktionen in bestimmten Funktionsausprägungen verlangen. Durch ein Zusammenfassen der Anforderungen an die Funktionen von IPS-Standardsystemen lassen sich sogenannte Anforderungsprofile an IPS-Standardsysteme bilden. Diese Anforderungsprofile beschreiben nicht nur die im Rahmen der Instandhaltungsplanung, -steuerung und -analyse auszuführenden Funktionen, sondern, soweit möglich, auch die erforderlichen spezifischen Ausprägungen ganz bestimmter Funktionen.

WEINGÄRTNER weist die Eignung der Instandhaltungsplanungs-, -steue-
rungs- und -analysefunktionen und ihrer von ihm abgeleiteten Funktionsausprägungen für ein unternehmensspezifisches Anforderungsprofil
an EDV-gestützte IPS-Systeme induktiv nach, indem es ihm mit Hilfe
eines statistischen Verfahrens gelingt, Instandhaltungsgrundtypen zu
ermitteln, denen jeweils ein Anforderungsprofil zugeordnet werden kann
(vgl. WEINGÄRTNER 1988, S. 58 ff.).

Die Abbildung 5.2 zeigt beispielhaft die Funktionen und die von WEIN-
GÄRTNER (1988) ermittelten Funktionsausprägungen für die Funktionsgruppe Mengenplanung.

| Funktionen | Funktionsausprägung | Lfd. Nr. |
|---|---|---|
| Material-bedarfs-bestimmung | Auftragsbezogene Bedarfsbestimmung | 23 |
| | Auftragsneutrale Bedarfsbestimmung | 24 |
| Materialbe-schaffungs-rechnung | Periodische Beschaffungsrechnung | 25 |
| | Aktuelle Verarbeitung von Bedarfsänderungen | 26 |
| Material-reservierung | Auftragsbezogene Reservierung von Beständen | 27 |
| Material-bestands-führung- | Aktuelle Lagerbestandsführung | 28 |
| | Aktuelle Bestellbestandsführung | 29 |
| | Aktuelle Reservierungsbestandsführung | 30 |

<u>Abb. 5.2:</u> Funktionen und Funktionsausprägungen der Funktionsgruppe
Mengenplanung (vgl. WEINGÄRTNER 1988, S. 34)

An die vollständige Übernahme der von WEINGÄRTNER (1988, S. 28 ff.)
abgeleiteten Funktionsausprägungen für die Aufgabenstellung der Grobauswahl ist noch eine weitere Bedingung zu stellen. Neben ihrer nach-

gewiesenen Eignung für die Formulierung unternehmensspezifischer Anforderungen an ein IPS-Standardsystem, muß es mit Hilfe der Funktionsausprägungen möglich sein, das Leistungsvermögen aller IPS-Standardsysteme hinsichtlich ihrer Anwendungssoftware differenzierend zu erfassen. Wenn es gelingt, das Leistungsvermögen jedes IPS-Standardsystems anhand der Funktionsausprägungen in ein systemspezifisches sogenanntes Leistungsprofil umzuformen, so kann der Vergleich zwischen dem unternehmensspezifischen Anforderungsprofil mit dem systemspezifischen Leistungsprofil für eine Grobauswahl genutzt werden.

Zuvor ist jedoch sachlogisch abzuleiten, inwieweit die von WEINGÄRTNER (1988, S. 28 ff.) entwickelten Funktionen und Funktionsausprägungen durch den Einsatz der EDV unterstützt werden können. Unter dieser Zielsetzung liefert die Diskussion der Funktionen und ihrer Ausprägungen folgende Modifikationen:

- Die von WEINGÄRTNER (1988, S. 31) für die Funktion "Grobplanung" definierten Ausprägungen "Grobplanung auf der Basis von Schätzdaten" und "Grobplanung auf der Basis von echten Daten" kann zu der Funktionsausprägung "Grobplanung auf der Basis vorhandener Daten" zusammengefaßt werden, da für einen Rechenalgorithmus kein Unterschied zwischen Schätz- und echten Daten existiert.

- Die von WEINGÄRTNER (1988, S. 46) beschriebenen Ausprägungen der Funktion "Auftragsfortschrittserfassung" sind dergestalt zu verändern, daß die beiden Ausprägungen "Fortschrittsverfolgung nach sinnvollen Arbeitsabschnitten" und "Fortschrittsverfolgung nach kritischen Arbeitsabschnitten" zusammengefaßt werden zu der Ausprägung "Fortschrittsverfolgung nach definierten Arbeitsabschnitten". Der Grund liegt in der für beide Ausprägungen identischen Form der EDV-technischen Unterstützungsrealisierung.

- WEINGÄRTNER (1988, S. 38) definiert für die Funktion "Durchlaufterminierung" die Ausprägung "Terminierung ohne Berücksichtigung wechselnder Prioritäten". Diese kann für die vorliegende Problemstellung vernachlässigt werden, da es sich um die Negation der ebenfalls definierten Funktionsausprägung "Terminierung unter Berücksichtigung wechselnder Prioritäten" handelt.

Eine vollständige Auflistung aller Funktionen mit den modifizierten Funktionsausprägungen findet sich im Rahmen des Praxisbeispieles in Kapitel 7.2.

Die Eignung der modifizierten Funktionsausprägungen zur Erfassung und Differenzierung von IPS-Standardsystemen soll anhand einer konkreten Markterhebung nachgewiesen werden. Da bereits in Kapitel 3.2 darauf hingewiesen wurde, daß die in der Literatur vorhandenen Vergleiche von IPS-Standardsystemen für die vorliegende Problemstellung nicht herangezogen werden können, mußte eine eigene Untersuchung durchgeführt werden.

Insgesamt ergab die Markterhebung eine Präsenz von 43 deutschsprachigen IPS-Standardsystemen. Aufgrund der von den Systemanbietern bereitgestellten Informationen konnten 32 Standardsysteme, ergänzt um drei englischsprachige, auf dem Markt der Bundesrepublik Deutschland verstärkt angebotene und vertriebene, EDV-gestützte IPS-Standardsysteme näher untersucht werden (vgl. Abb. 5.3).

Die Abbildungen 5.4 bis 5.7 dokumentieren als Ergebnis der Markterhebung, welche Funktionsausprägungen von den untersuchten Systemen standardmäßig erfüllt werden. Ein Vergleich der Leistungsprofile der IPS-Standardsysteme ergibt, daß lediglich die Systeme 30 und 31 ein identisches Profil besitzen. Diese Identität läßt sich durch folgende Tatsache erklären: Beide Systeme stammen vom selben Anbieter, werden jedoch für unterschiedliche Hardwarekonfigurationen angeboten. Somit liegt es nahe, daß beide Systeme identische Konzepte und somit identische Leistungsprofile bezüglich der Funktionsausprägungen besitzen.

Durch die Existenz der überwiegend vorhandenen Unterschiede zwischen den Leistungsprofilen zeigt sich, daß es mit Hilfe der modifizierten Funktionsausprägungen möglich ist, das Leistungsprofil von IPS-Standardsystemen im Rahmen einer Grobauswahl differenzierend zu erfassen. Sie können somit als Grobauswahlkriterien herangezogen werden.

| INSTANDHALTUNGSSYSTEME | | |
|---|---|---|
| **NAME** | **ANBIETER** | **HARDWARE** |
| IMMS | CS ENGINEERING | DEC-PDP 11 |
| WP 68 | DIW | HP 3000; IBM/34,IBM/36, IBM/38; Siemens |
| IHS | FEG | IBM-PC AT |
| Instandhaltungs-system | Fraser-Grothus | IBM-PC XT, ITT 3480 |
| GEI-IHS | GEI | IBM-PC AT |
| IPS | HP | HP 3000 |
| SIHI | IAS | IBM -PC AT |
| SISY | IKOSS | IBM; Siemens7.7xx; Sperry UNIVAC 1100/60 |
| INSTANDHALTUNG | IMC | Siemens SICOMP PC 16-11 oder 16-05 |
| IBA-Plan-System | INSTA | Kienzle Serie 9000,9100; IBM 30xx,43xx; Sperry Universal PC |
| IOS+E | Intra-Wartung | DEC-VAX, DEC-PDP 11, DEC-PC 380 |
| MAIN-TOOL | Jägersberg | IBM-PC XT |
| WARTAS | KHD | IBM-PC; DEC-VAX, TDP |
| IMAK | Krupp | IBM-PC XT; Siemens 9780 |
| BESBET | MIZ | IBM-PC AT |
| TELBEK | MIZ | Siemens 7.5xx; IBM 3081; PC 2000 |
| INVERS | NIXDORF | Nixdorf-TARGON |
| INVO | Orga-Consulting | DEC-PDP 11/44 |
| SMS | PKI | Philips |
| PIsystem | PS-Systemtechnik | DEC-VAX; HP; IBM 43xx, IBM/38; Nixdorf 8890, Prime; Sperry; Siemens 7.5xx; WANG |
| GUMAIN | Quatro Software | DEC; Sperry; Burroughs |
| WITA | Rhyner | IBM-PC AT |
| RM-INST | SAP | IBM 30xx, 43xx, 9370; Siemens 7.5xx, 7.8xx; Nixdorf 8890 |
| TEROMAN | SCS | DEC-VAX; HP 3000; IBM 370,/38, 30xx, 43xx |
| SHS-INSTANDHAL-TUNGSSYSTEM | SHS | IBM-PC,/34,/36,/38; Siemens-PC; Nixdorf, NCR |
| PLATIN | Sietec | Siemens 7.5xx |
| VORBEUGENDE IN-STANDHALTUNG | Thiesen | Commodore; IBM-PC XT |
| TVI-System | Thyssen | HITACHI AS 6 |
| MADS | UNA-DAT | IBM 30xx, 43xx, 8100; Siemens 7.5xx, 7.8xx; Sperry UNIVAC 11xx,90/xx, 9400; HP 3000 |
| W 4100-Instand-haltung | Dr.Wegert & Partner | HP 3000; IBM/34, /36, /38, 43xx |
| W 4101-Instand-haltung | Dr.Wegert & Partner | IBM-PC |
| INS/38 | Weinberger | IBM /38, 30xx, 43xx,-PC |
| COMPASS | Bonner & Moore | IBM 30xx, 43xx, 9370; Honeywell-Bull 62, 64; DPS 4, 7, 8; Nixdorf 8870; Philips 4500 |
| ARTEMIS | Metier | IBM/370, 30xx, PC AT; HP 1000 |
| SUPREMA | Unisys | alle UNISYS-OS 1100-Systeme |

**Abb. 5.3:** Untersuchte IPS-Standardsysteme

| Instandhaltungsfunktionen | IPS – Standardsysteme | 1 | 2 | 3 | 4 | 5 | 6 | 7 | 8 | 9 | 10 | 11 | 12 | 13 | 14 | 15 | 16 | 17 | 18 | 19 | 20 | 21 | 22 | 23 | 24 | 25 | 26 | 27 | 28 | 29 | 30 | 31 | 32 | 33 | 34 | 35 |
|---|---|---|---|---|---|---|---|---|---|---|---|---|---|---|---|---|---|---|---|---|---|---|---|---|---|---|---|---|---|---|---|---|---|---|---|---|
| **Instandhaltungsprogrammplanung** | | | | | | | | | | | | | | | | | | | | | | | | | | | | | | | | | | | | |
| Prognoserechnung | Ermittlung zyklisch wiederkehrender Aufträge | ● | ● | ● | ● | ● | ● | ● | | ● | | ● | | ● | ● | ● | ● | ● | ● | ● | ● | ● | ● | ● | ● | ● | ● | ● | ● | ● | ● | ● | ● | ● | ● | ● |
| | Ermittlung nicht zyklisch wiederkehrender Aufträge | | | | | | ● | | | ● | | | | | ● | ● | | | | | | | | ● | ● | ● | | | | | | | | ● | ● | ● |
| | auftragsbezogene Schätzung des Bedarfs an Handwerkerqualifikation, Zahl der Handwerker je Qualifikation, Betriebsmittel und Material sowie Zeit | | | | ● | | ● | | | ● | | | | | | ● | | | | | ● | | | | ● | | | | | | | | | | | |
| Grobplanung | auf der Basis von echten Daten | ● | ● | ● | ● | ● | ● | ● | | ● | | | | ● | ● | ● | ● | ● | ● | ● | ● | ● | ● | ● | ● | ● | ● | ● | ● | ● | ● | ● | ● | ● | ● | ● |
| | aktuelle Einplanung ausgelöster Aufträge | ● | | | | | ● | | | | | | | | ● | ● | | | | | | | | ● | ● | | | | | | | | | | | |
| Vorlaufsteuerung | Einbeziehung der Vorlaufabteilungen in die Auftragsabwicklung anhand von Eckterminen | | | | ● | | | | | | | | | | | | | | | | | | | | | | | | | | | | | | | |
| Auftragsverwaltung | periodisch | | ● | ● | ● | | ● | ● | | ● | | ● | ● | ● | | ● | | ● | ● | ● | | ● | | | ● | ● | ● | ● | ● | ● | ● | ● | | | | |
| | aktuell | ● | | | | ● | ● | | ● | | | | ● | | ● | | | ● | ● | | | | | | | | | | | | | | | ● | ● | ● |
| **Termin- und Kapazitätsplanung** | | | | | | | | | | | | | | | | | | | | | | | | | | | | | | | | | | | | |
| Prioritätenvergabe | Vergabe von Prioritäten | | | ● | ● | | ● | | ● | ● | | | ● | ● | ● | | ● | | | | | ● | ● | ● | ● | | | | | | | | | ● | ● | ● |
| | Überprüfung und Abgleich von vergebenen Prioritäten | | | | ● | | | | | | | | | | ● | | ● | | | | | | | | | | | | | | | | | | | |
| Durchlaufterminierung | Verarbeitung stabförmiger, unverzweigter Terminnetze | | | ● | ● | | ● | | ● | ● | | | | | | | ● | | | ● | ● | | | ● | ● | | | ● | | | | | ● | ● | ● | ● |
| | Verarbeitung einfacher Terminnetze | | | | ● | | ● | | | ● | | | | | | | | | | | | | | ● | ● | | | ● | | | | | | ● | | ● |
| | Verarbeitung komplexer Terminnetze | | | | | | ● | | | ● | | | | | | | | | | | | | | ● | ● | | | | | | | | | | | ● |
| | Terminierung unter Berücksichtigung aktueller Materialbeschaffungszeiten | | | | ● | | | | | | | | | | | | | | | | | | | ● | | | | | | | | | | | | |
| | Terminierung unter Berücksichtigung wechselnder Prioritäten | | | | ● | | | | | ● | | | | | | | | | | ● | | | | | | | | | | | | | | | | |
| Kapazitätsbedarfsrechnung | Bestimmung des aktuellen Kapazitätsbedafs | ● | ● | ● | ● | ● | ● | | ● | ● | | | | ● | ● | | ● | ● | | ● | | | | ● | ● | | ● | | | | | | ● | ● | ● | ● |
| Kapazitätsangebotsermittlung | Ermittlung des aktuellen Kapazitätsangebots | | | | ● | | ● | | | ● | | | | ● | ● | | ● | ● | | ● | | | | ● | | | | | | | | | ● | | | ● |
| Kapazitätsabstimmung | Abgleich von Kapazitätsbedarf und - angebot, | | | | ● | | | | | | | | | ● | ● | | ● | ● | | ● | | | | | | | | | | | | | ● | | | ● |
| | Berücksichtigung terminlicher Verknüpfungen von Unteraufträgen | | | | | | ● | | | | | | | | | | | ● | | | | | | | | | | | | | | | ● | | | |
| | Ermittlung von Fremdvergaben | | | | | | | | | | | | ● | | | | | ● | | | | | | | | | | | | | | | | | | |
| Reihenfolgeplanung | Ermittlung einer optimalen Bearbeitungsreihenfolge | | | | ● | | | | | | | | | | | | | | | ● | | | | | | | | ● | | | | | | | | |

Abb. 5.4:  Leistungsprofile der untersuchten IPS-Standardsysteme

**IPS – Standardsysteme / Instandhaltungsfunktionen**

### Mengenplanung

|  | Instandhaltungsfunktion | 1 | 2 | 3 | 4 | 5 | 6 | 7 | 8 | 9 | 10 | 11 | 12 | 13 | 14 | 15 | 16 | 17 | 18 |
|---|---|---|---|---|---|---|---|---|---|---|---|---|---|---|---|---|---|---|---|
| Materialbedarfsbestimmung | Auftragsbezogene Bedarfsbestimmung | | | ● | | ● | ● | | | | | | | | | | | | ● |
| | Auftragsneutrale Bedarfsbestimmung | | | | ● | | | | ● | | | | | ● | | | ● | | ● |
| Materialbeschaffungsrechnung | Periodische Beschaffungsrechnung | | | | ● | | | | | | | | | ● | | | | | ● |
| Materialbestandsführung | Aktuelle Lagerbestandsführung | | ● | | ● | | ● | | ● | ● | ● | ● | ● | ● | | | | ● | ● |
| | Aktuelle Bestellbestandsführung | | ● | | | | ● | | ● | ● | ● | | ● | ● | | | | ● | |
| | Aktuelle Reservierungsbestandsführung | | ● | | | | ● | | | ● | | | | ● | | | | ● | |
| Materialreservierung | Auftragsbezogene Reservierung von Beständen | | | | | ● | ● | | | ● | | | | ● | | | | ● | |

|  | Instandhaltungsfunktion | 19 | 20 | 21 | 22 | 23 | 24 | 25 | 26 | 27 | 28 | 29 | 30 | 31 | 32 | 33 | 34 | 35 |
|---|---|---|---|---|---|---|---|---|---|---|---|---|---|---|---|---|---|---|
| Materialbedarfsbestimmung | Auftragsbezogene Bedarfsbestimmung | | | | | ● | ● | | ● | ● | | | | | | ● | | ● |
| | Auftragsneutrale Bedarfsbestimmung | | ● | | | | | | | | ● | | | | ● | | | ● |
| Materialbeschaffungsrechnung | Periodische Beschaffungsrechnung | ● | | | | | | | | | | | | | | | | ● |
| Materialbestandsführung | Aktuelle Lagerbestandsführung | ● | ● | | | ● | ● | | | | ● | | | | ● | ● | ● | ● |
| | Aktuelle Bestellbestandsführung | | | | | ● | ● | | | | ● | | | | ● | ● | ● | |
| | Aktuelle Reservierungsbestandsführung | | | | | ● | ● | | | | | | | | ● | ● | ● | |
| Materialreservierung | Auftragsbezogene Reservierung von Beständen | | | | | ● | ● | | | | | | | | ● | ● | ● | ● |

### Auftragsveranlassung

|  | Instandhaltungsfunktion | 1 | 2 | 3 | 4 | 5 | 6 | 7 | 8 | 9 | 10 | 11 | 12 | 13 | 14 | 15 | 16 | 17 | 18 |
|---|---|---|---|---|---|---|---|---|---|---|---|---|---|---|---|---|---|---|---|
| Verfügbarkeitsprüfung | Auftragsbezogene Überprüfung der Verfügbarkeit | | | | | | ● | | | | | | | ● | | | | ● | |
| | Arbeitsvorgangsbezogene Überprüfung der Verfügbarkeit | | | | | | ● | | | | | | | | | | | ● | |
| Auftragsfreigabe | Freigabe betriebsinterner Aufträge | ● | | ● | | | ● | | | ● | | | | | | ● | ● | ● | |
| | Bestellauftragsfreigabe von Fremdvergaben | | | | | | ● | | | | | | | | | | | | |
| Arbeitsbelegerstellung | Belege mit weitgehend pauschalen Angaben | ● | ● | | | ● | ● | | ● | | ● | ● | ● | ● | ● | ● | ● | ● | |
| | Detaillierte Belege | | | ● | | | ● | | | ● | | | | | | | | | ● |
| | Bestellschreibung von Fremdvergaben | | | | | ● | ● | | | ● | | | | | | | | | |
| | Erstellung provisorischer Belege | | | | | | | | | | | | | | | | | | |
| Auftragsverteilung | Auftragsweise Arbeitsveranlassung | ● | | | | | ● | | | ● | ● | | ● | | | | | ● | |
| | Auftragsfamilienbildung | | ● | | ● | | ● | | ● | | | ● | | ● | ● | | ● | ● | ● |
| Transportsteuerung | Material- und Betriebsmittelbereitstellung vor Arbeitsbeginn | | | | | | ● | | | | | | | | | | | | |
| | Material- und Betriebsmittelbereitstellung vor Ort | | | | | | ● | | | | | | | | | | | | |
| | Material- und Betriebsmittelbereitstellung arbeitsvorgangsbezogen | | | | | | ● | | | | | | | | | | | | |
| | Material- und Betriebsmittelbereitstellung parallel zur Auftragsabwicklung | | | | | | ● | | | | | | | | | | | | |

|  | Instandhaltungsfunktion | 19 | 20 | 21 | 22 | 23 | 24 | 25 | 26 | 27 | 28 | 29 | 30 | 31 | 32 | 33 | 34 | 35 |
|---|---|---|---|---|---|---|---|---|---|---|---|---|---|---|---|---|---|---|
| Verfügbarkeitsprüfung | Auftragsbezogene Überprüfung der Verfügbarkeit | ● | | ● | | ● | ● | | | | ● | | | | | | ● | ● |
| | Arbeitsvorgangsbezogene Überprüfung der Verfügbarkeit | | | | | ● | | | | | | | | | | | | ● |
| Auftragsfreigabe | Freigabe betriebsinterner Aufträge | | | | | ● | | | | | | | | | | | ● | ● |
| | Bestellauftragsfreigabe von Fremdvergaben | | | | | ● | ● | | | | | | | | | | ● | |
| Arbeitsbelegerstellung | Belege mit weitgehend pauschalen Angaben | ● | ● | | ● | | ● | | ● | ● | ● | ● | ● | ● | ● | ● | ● | ● |
| | Detaillierte Belege | | | | | ● | ● | ● | ● | | | | | | | | | ● |
| | Bestellschreibung von Fremdvergaben | | | | | ● | ● | | | | | | | | | | | |
| | Erstellung provisorischer Belege | | | | | | | | | | | | | | | | | |
| Auftragsverteilung | Auftragsweise Arbeitsveranlassung | ● | | | | ● | | ● | ● | | | | | | | ● | | |
| | Auftragsfamilienbildung | | | | | ● | ● | ● | ● | ● | | | ● | ● | ● | ● | ● | |
| Transportsteuerung | Material- und Betriebsmittelbereitstellung vor Arbeitsbeginn | | | | | | | | | | | | | | | | ● | |
| | Material- und Betriebsmittelbereitstellung vor Ort | | | | | ● | | | | | | | | | | | | |
| | Material- und Betriebsmittelbereitstellung arbeitsvorgangsbezogen | | | | | | | | | | | | | | | | | |
| | Material- und Betriebsmittelbereitstellung parallel zur Auftragsabwicklung | | | | | | | | | | | | | | | | | |

Abb. 5.5: Leistungsprofile der untersuchten IPS‑Standardsysteme (Fortsetzung)

IPS - Standardsysteme / Instandhaltungsfunktionen

**Auftragsüberwachung**

|  |  | 1 | 2 | 3 | 4 | 5 | 6 | 7 | 8 | 9 | 10 | 11 | 12 | 13 | 14 | 15 | 16 | 17 | 18 | 19 | 20 | 21 | 22 | 23 | 24 | 25 | 26 | 27 | 28 | 29 | 30 | 31 | 32 | 33 | 34 | 35 |
|---|---|---|---|---|---|---|---|---|---|---|---|---|---|---|---|---|---|---|---|---|---|---|---|---|---|---|---|---|---|---|---|---|---|---|---|---|
| Auftragsfortschrittserfassung | Erfassung von Auftragsbeginn- und -fertigmeldung | ● | ● | ● | ● | ● | ● | ● | ● | ● | ● | ● | ● | ● | ● | ● | ● | ● | ● | ● | ● | ● | ● | ● | ● | ● | ● | ● | ● | ● | ● | ● | ● | ● | ● | ● |
| | Erfassung der Unterauftragsbeginn- und -fertigmeldung |  |  |  |  |  | ● |  |  | ● |  |  |  |  |  |  | ● | ● |  |  |  |  |  | ● | ● |  |  |  |  |  |  |  |  | ● | ● |  |
| | Fortschrittsverfolgung nach sinnvollen Arbeitsabschnitten |  |  | ● | ● |  | ● |  |  |  |  |  |  |  |  |  |  | ● |  |  |  |  |  | ● |  | ● |  |  |  |  |  |  |  | ● | ● | ● |
| Kapazitätsüberwachung | Beauskunftung der Belastungssituation |  |  |  |  | ● | ● |  |  |  |  |  |  |  |  |  |  |  |  |  |  |  |  | ● |  |  |  |  |  |  |  |  |  | ● |  |  |
| Auftragsdatenerfassung | Pauschale Ist- Datenerfassung |  | ● |  |  | ● | ● | ● | ● | ● |  | ● | ● |  | ● | ● | ● |  | ● |  | ● | ● | ● |  |  |  | ● | ● | ● | ● | ● |  |  | ● | ● | ● |
| | Detaillierte Ist- Datenerfassung | ● |  | ● |  |  | ● |  | ● | ● |  |  |  |  | ● |  |  | ● |  | ● |  |  |  | ● |  |  |  |  |  |  |  | ● | ● |  |  |  |

**Abweichungsanalyse**

|  |  | 1 | 2 | 3 | 4 | 5 | 6 | 7 | 8 | 9 | 10 | 11 | 12 | 13 | 14 | 15 | 16 | 17 | 18 | 19 | 20 | 21 | 22 | 23 | 24 | 25 | 26 | 27 | 28 | 29 | 30 | 31 | 32 | 33 | 34 | 35 |
|---|---|---|---|---|---|---|---|---|---|---|---|---|---|---|---|---|---|---|---|---|---|---|---|---|---|---|---|---|---|---|---|---|---|---|---|---|
| Abweichungsbestimmung | Bestimmung von Planwertabweichungen abgeschlossener Aufträge |  |  |  |  |  | ● |  |  | ● |  |  | ● | ● |  |  | ● | ● | ● | ● |  |  |  | ● | ● |  |  | ● |  |  |  |  | ● | ● | ● | ● |
| Abweichungsursachenermittlung | Ursachenermittlung auf Grund gravierender Planwertabweichungen |  |  |  | ● |  |  |  |  |  |  |  |  |  |  |  |  |  |  |  |  |  |  |  |  |  | ● |  |  |  |  |  | ● |  |  |  |

**Schwachstellenanalyse**

|  |  | 1 | 2 | 3 | 4 | 5 | 6 | 7 | 8 | 9 | 10 | 11 | 12 | 13 | 14 | 15 | 16 | 17 | 18 | 19 | 20 | 21 | 22 | 23 | 24 | 25 | 26 | 27 | 28 | 29 | 30 | 31 | 32 | 33 | 34 | 35 |
|---|---|---|---|---|---|---|---|---|---|---|---|---|---|---|---|---|---|---|---|---|---|---|---|---|---|---|---|---|---|---|---|---|---|---|---|---|
| Schadensanalyse | Ursachenanalyse von Schäden |  |  |  |  |  | ● |  |  | ● | ● |  |  |  |  |  | ● |  |  |  |  |  |  | ● | ● |  |  | ● |  |  |  |  |  |  |  | ● |
| Schwachstellenbestimmung | pauschale, anlagenbezogene Schwachstellenbestimmung | ● | ● | ● | ● | ● | ● | ● | ● | ● | ● |  |  | ● |  | ● | ● | ● |  | ● |  |  |  | ● | ● | ● | ● |  | ● |  |  |  | ● | ● | ● |  |
| | detaillierte, anlagenübergreifende Schwachstellenbestimmung |  |  |  | ● |  | ● |  |  |  |  |  |  |  |  |  | ● | ● |  |  |  |  |  | ● | ● | ● | ● | ● |  | ● | ● | ● |  |  |  |  |

Abb. 5.6: Leistungsprofile der untersuchten IPS-Standardsysteme (Fortsetzung)

Instandhaltungsfunktionen / IPS - Standardsysteme

Datenverwaltung

| Funktionsgruppe | Instandhaltungsfunktion | 1 | 2 | 3 | 4 | 5 | 6 | 7 | 8 | 9 | 10 | 11 | 12 | 13 | 14 | 15 | 16 | 17 | 18 |
|---|---|---|---|---|---|---|---|---|---|---|---|---|---|---|---|---|---|---|---|
| Anlagenidentifizierung | Identifizierung anlagenbezogen | ● | ● | ● |  | ● | ● | ● |  | ● | ● |  | ● |  | ● |  | ● | ● | ● |
| | Identifizierung baugruppen-/bauelementbezogen |  | ● |  | ● |  | ● |  | ● | ● |  | ● |  | ● |  |  | ● |  | ● |
| Anlagenklassifizierung | gestufte Klassifizierung | ● | ● |  |  | ● | ● | ● | ● | ● | ● |  |  |  |  | ● | ● | ● |  |
| Anlagendatenverwaltung | Verwaltung von Kenndaten | ● | ● | ● | ● | ● | ● | ● | ● | ● | ● |  | ● |  | ● | ● | ● |  | ● |
| | Stücklistenverwaltung |  |  |  | ● | ● |  |  | ● |  |  |  | ● |  |  |  |  |  |  |
| | Verwaltung von Verwendungsnachweisen |  |  |  | ● | ● | ● |  | ● | ● |  |  | ● |  |  | ● |  |  |  |
| Auftragsdatenverwaltung | Verwaltung zyklisch wiederkehrender Aufträge |  | ● | ● |  | ● | ● | ● |  | ● | ● | ● | ● | ● | ● | ● | ● | ● | ● |
| | Verwaltung nicht zyklisch wiederkehrender Aufträge |  |  |  |  | ● | ● |  |  | ● |  | ● |  |  |  |  | ● |  | ● |
| | Statusverwaltung der Auftragsabwicklung |  |  |  |  | ● | ● |  |  | ● |  | ● |  |  |  |  | ● |  |  |
| Betriebsmitteldatenverwaltung | Verwaltung der Betriebsmittelkapazitäten |  |  |  |  |  |  |  |  |  | ● | ● |  |  |  | ● | ● |  |  |
| Personaldatenverwaltung | Verwaltung der Personalkapazitäten |  |  |  | ● |  |  | ● |  |  |  |  | ● |  |  | ● |  |  |  |
| Materialdatenverwaltung | Bestandsverwaltung |  |  |  | ● | ● |  | ● | ● | ● | ● | ● | ● | ● |  | ● | ● |  | ● |
| Historiedatenverwaltung | Verwaltung der Historiedaten | ● |  | ● |  | ● | ● | ● | ● | ● | ● | ● | ● |  | ● | ● | ● | ● | ● |

| Funktionsgruppe | Instandhaltungsfunktion | 19 | 20 | 21 | 22 | 23 | 24 | 25 | 26 | 27 | 28 | 29 | 30 | 31 | 32 | 33 | 34 | 35 |
|---|---|---|---|---|---|---|---|---|---|---|---|---|---|---|---|---|---|---|
| Anlagenidentifizierung | Identifizierung anlagenbezogen |  |  | ● | ● | ● | ● |  | ● | ● | ● | ● | ● | ● | ● |  |  |  |
| | Identifizierung baugruppen-/bauelementbezogen |  |  | ● | ● | ● | ● |  |  |  |  |  |  |  |  |  |  | ● |
| Anlagenklassifizierung | gestufte Klassifizierung |  |  | ● | ● | ● |  |  |  |  |  |  | ● | ● |  | ● | ● |  |
| Anlagendatenverwaltung | Verwaltung von Kenndaten | ● | ● | ● | ● | ● | ● |  | ● | ● | ● | ● | ● | ● | ● | ● | ● | ● |
| | Stücklistenverwaltung |  |  | ● | ● | ● |  |  |  |  |  |  |  |  |  | ● | ● |  |
| | Verwaltung von Verwendungsnachweisen |  |  | ● | ● | ● |  |  |  |  |  |  |  |  |  | ● | ● |  |
| Auftragsdatenverwaltung | Verwaltung zyklisch wiederkehrender Aufträge | ● | ● | ● | ● | ● | ● | ● | ● | ● | ● | ● | ● | ● | ● | ● | ● | ● |
| | Verwaltung nicht zyklisch wiederkehrender Aufträge | ● |  |  |  |  |  |  |  |  | ● | ● | ● | ● | ● | ● |  |  |
| | Statusverwaltung der Auftragsabwicklung |  |  |  |  |  |  |  |  |  |  |  |  |  |  | ● | ● | ● |
| Betriebsmitteldatenverwaltung | Verwaltung der Betriebsmittelkapazitäten |  |  |  |  | ● | ● |  |  |  |  |  |  |  |  |  |  |  |
| Personaldatenverwaltung | Verwaltung der Personalkapazitäten | ● |  |  |  |  | ● |  |  |  |  |  | ● | ● |  | ● |  | ● |
| Materialdatenverwaltung | Bestandsverwaltung |  |  |  |  | ● | ● |  |  |  |  |  | ● | ● | ● | ● | ● | ● |
| Historiedatenverwaltung | Verwaltung der Historiedaten | ● | ● | ● | ● | ● | ● | ● | ● |  |  | ● |  |  |  | ● | ● | ● |

Abb. 5.7: Leistungsprofile der untersuchten IPS-Standardsysteme (Fortsetzung)

Es ist jedoch zu berücksichtigen, daß die zukünftigen Anwender eines
IPS-Standardsystems der EDV-Unterstützung jeder Funktionsausprägung
eine unterschiedliche Bedeutung beimessen. So kann z. B. die EDV-gestützte Ermittlung des aktuellen Kapazitätsangebotes für ein Unternehmen eine höhere Priorität besitzen als der EDV-Einsatz bei der
Auftragsfamilienbildung. Somit besitzen die Grobauswahlkriterien für
jedes Unternehmen ein anderes Gewicht, so daß bei der Grobauswahl die
Möglichkeit geschaffen werden muß, eine spezifische Gewichtung der
Grobauswahlkriterien durch den zukünftigen Nutzer eines IPS-Standardsystems vorzunehmen. Im folgenden soll ein geeignetes Verfahren vorgestellt werden, daß dieser Anforderung genügt.


## 5.2 Ermittlung eines Verfahrens zur Klasseneinteilung und -auswahl

Die in der Markterhebung ermittelten Ergebnisse (vgl. Kap. 5.1) ver-
anschaulichen deutlich das grundsätzliche Problem einer Grobauswahl
von IPS-Standardsystemen: die Heterogenität der angebotenen Systeme.
So läßt sich nicht aufgrund des jeweiligen Leistungsprofiles einfach von
"guten" oder "schlechten" Systemen sprechen. Wenn es jedoch gelingt,
die Systeme aufgrund ihres Leistungsprofiles in Klassen einzuteilen und
für diese Klassen ein sogenanntes Klassenleistungsprofil zu ermitteln,
kann dies für eine Grobauswahl von anforderungsgerechten IPS-Standardsystemen genutzt werden.

Als Ergebnis der Grobauswahl ergeben sich bei diesem Ansatz alle Systeme der Klasse, deren Leistungsprofil die beste Übereinstimmung mit
dem unternehmensspezifischen Anforderungsprofil aufweist.

Hierzu sind nach der Formulierung der unternehmensspezifischen Anforderungen mittels der gewichteten Grobauswahlkriterien folgende Arbeitsschritte erforderlich:

- Klasseneinteilung der angebotenen IPS-Standardsysteme basierend
  auf den gewichteten Grobauswahlkriterien und
- Auswahl der Klasse, die die unternehmensspezifischen Anforderungen
  als beste erfüllt.

Eine Möglichkeit zur Klasseneinteilung bietet die sogenannte "Clusteranalyse", die im folgenden näher zu untersuchen ist.


## 5.2.1 Grundlagen des einzusetzenden Verfahrens

Die "Clusteranalyse" - oder auch "automatische Klassifikation" (BOCK 1974, S. 14) "wird verstanden als ein zusammenfassender Terminus für eine Reihe unterschiedlicher mathematisch-statistischer und heuristischer Verfahren, deren Ziel darin besteht, eine meist umfangreiche Menge von Elementen durch Konstruktion homogener Klassen, Gruppen oder Cluster optimal zu strukturieren" (STEINHAUSEN, LANGER 1977, S. 14).

Der Einsatz eines Verfahrens der Clusteranalyse stellt bestimmte Voraussetzungen an die Eingangsdaten. So ist unabdingbar, daß die Ähnlichkeit oder Zusammengehörigkeit zweier Objekte - hier IPS-Standardsysteme - numerisch durch Zahlenwerte erfaßbar ist oder daß die Ähnlichkeit verschiedener Objektpaare wenigstens verglichen werden kann (vgl. BOCK 1974, S. 14).

Ebenso sind brauchbare Klassifikationsergebnisse an definierte Voraussetzungen gebunden. Dies trifft insbesondere für die Klassifikationsmerkmale zu - im vorliegenden Falle die Funktionsausprägungen als Grobauswahlkriterien. Für eine sinnvolle Klasseneinteilung muß für sie gelten, daß sie "für das angestrebte Ziel sachlich relevant sind und in Bezug auf dieses Ziel eine zumindest annähernd gleiche Bedeutung haben. Im Hinblick auf die Klassifikationsverfahren sollten die Merkmale nur von einem Typ, d. h. entweder nur metrisch oder nur binär sein (oder wenigstens dieselbe Anzahl von Ausprägungen aufweisen)" (VOGEL 1975, S. 51).

Diese Voraussetzungen können von den Funktionsausprägungen, die eine nominale Skalierung aufweisen, wie folgt erfüllt werden. Wenn an die Stelle der Funktionsausprägung die Abfrage nach dem Wunsch (Anforderungsprofil), bzw. nach der Fähigkeit (Leistungsprofil) einer EDV-Unterstützung der Funktionsausprägung tritt, besitzen diese Merkmale entweder die Ausprägung "ja" oder "nein". Es liegt dann eine binäre Skalierung vor ("ja" oder "nein", bzw. "1" oder "0"), so daß die Ähnlichkeit zweier Objekte (IPS-Standardsysteme) numerisch verglichen werden kann. Eine sachliche Relevanz für das angestrebte Ziel der Clusteranalyse kann bei den Merkmalen als gegeben angesehen werden, da sie unter der Zielsetzung der Grobauswahl abgeleitet wurden.

Eine vollständige Übernahme der Grobauswahlkriterien als Klassifikationsmerkmale ist noch an eine weitere Bedingung geknüpft. Durch eine unvermeidbare Korrelation zwischen einzelnen Klassifikationsmerkmalen kann eine Ähnlichkeitsstruktur durch eine interne Gewichtung verzerrt werden. Die durch redundante Informationsgehalte verursachten Korrelationen sind in einem gewissen Umfange aber durchaus erwünscht (vgl. VOGEL 1975, S. 118). Ihre vollständige Eliminierung, z. B. durch Zusammenfassung hochkorrelierter Merkmale, würde einen Verlust wertvoller Informationen bedeuten (vgl. VOGEL 1975, S. 59). Es muß daher eine Untersuchung der Klassifikationsmerkmale auf Korrelation mit einer anschließenden Diskussion der Ergebnisse erfolgen[1].

VOGEL (1975, S. 61) weist darauf hin, daß "es für binäre Merkmale keine theoretisch und praktisch befriedigende Möglichkeit der Elimination von Merkmalskorrelationen gibt". In einem Beispiel bietet der selbe Autor eine Orientierungshilfe an: "Es scheint sinnvoll zu sein, einen Teil der hochkorrelierenden Merkmale $(0{,}9 \leq K_{corr} \leq 1{,}0)$ aus der Klassifikation herauszunehmen" (VOGEL 1975, S. 59). Unter dieser Prämisse sollen im folgenden die hochkorrelierenden $(K_{corr} \geq 0{,}9)$ Merkmale betrachtet werden (vgl. Abb. 5.8).

Eine Untersuchung der Ergebnisse der Markterhebung (vgl. Abb. 5.4 bis Abb. 5.7) erklärt die auftretenden hohen Korrelationen. Der maximale Korrelationskoeffizient 1 zwischen den Funktionsausprägungen 15 und 42 (bzw. zwischen 43 und 44) tritt aus dem Grunde auf, daß diese Funktionsausprägungen nur von einem (bzw. von zwei) System(en) unterstützt werden können. Da die EDV-mäßige Realisierung dieser Funktionsausprägungen jedoch ein wesentliches Systemcharakteristikum darstellt, darf eine Eliminierung oder Zusammenfassung nicht erfolgen.

---

[1] Auf die Darstellung der Wahl des Korrelationsverfahrens, der Durchführung sowie der vollständigen Ergebnisse wird an dieser Stelle verzichtet. Eine vollständige Zusammenfassung findet sich bei BREER, SENT (1988).

| Nr. | Funktionsausprägung | Detaillierte Belege (36) | Material- und Betriebsmittel-bereitstellung vor Ort (42) | Material- und Betriebsmittel-bereitstellung parallel zur Auftragsabwicklung (44) | Detaillierte Ist-Datenerfassung (51) |
|---|---|---|---|---|---|
| 15 | Terminierung unter Berücksichtigung aktueller Materialbeschaffungszeiten | | 1,00 | | |
| 35 | Belege mit weitgehend pauschalen Angaben | 0,92 | | | |
| 43 | Material- und Betriebsmittel-bereitstellung arbeitsvorgangsbezogen | | | 1,00 | |
| 50 | Pauschale Ist-Datenerfassung | | | | 0,90 |

$$\boxed{\phantom{xxx}} \;\hat{=}\; K_{corr} \geq 0,9$$

**Abb. 5.8:** Tabelle der hochkorrelierenden Merkmale

Entsprechendes gilt für die beiden anderen hohen Korrelationen mit einem Koeffizienten $K_{corr} \geq 0,90$. Bei der Korrelation zwischen den Merkmalen 35 und 36, bzw. 50 und 51, liegt die Ursache des hohen Koeffizienten an dem Tatbestand, daß die Merkmale alternativ zu erfüllende Funktionsausprägungen darstellen. Allerdings zeichnen sich einige Systeme dadurch aus, daß sie beide oder keine dieser Ausprägungen unterstützen. Da dies wesentlich zur Beschreibung des Fähigkeitsprofils der Systeme beiträgt, muß auch hier auf eine Eliminierung oder faktoranalytische Zusammenfassung der Merkmale verzichtet werden.

Somit erfüllen die durch den Funktionsumfang verschiedener IPS-Standardsysteme charakterisierten Daten die Anforderungen einer Clusteranalyse, die im weiteren Verlauf der Arbeit das Verfahren zur Grobauswahl von IPS-Standardsystemen zur Verfügung stellt. Bei der Durchführung soll in Anlehnung an HARTUNG, ELPELT (1984, S. 445 f.) dreistufig vorgegangen werden (vgl. Abb. 5.9).

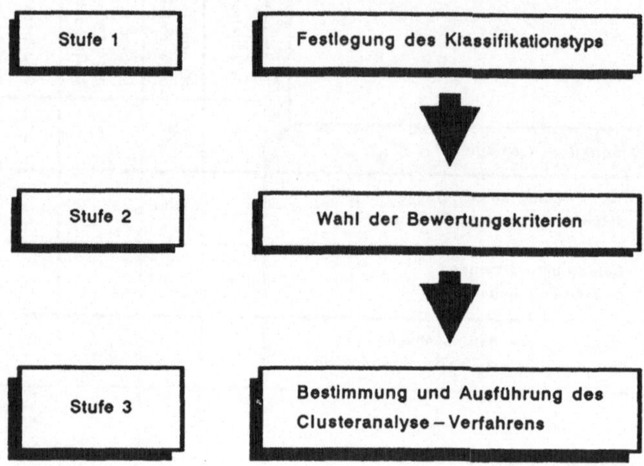


<u>Abb. 5.9</u>: Vorgehensweise bei der Durchführung der Clusteranalyse

Eine ausführliche Darstellung der Durchführung und Ergebnisse der einzelnen Arbeitsschritte der Clusteranalyse für die vorliegende Problemstellung findet sich bei BREER, SENT (1988, S. 56 ff.), so daß an dieser Stelle nur die Ergebnisse erläutert werden sollen.

## 5.2.2 Ergebnisse der Clusteranalyse

Mit dem Verfahren der Clusteranalyse bietet sich die Möglichkeit einer Klasseneinteilung von IPS-Standardsystemen. Hierbei wird im ersten Schritt mittels des agglomerativ-hierarchischen Verfahrens der Entropieanalyse (vgl. BREER, SENT 1988, S. 56 ff.) eine Anfangspartition der IPS-Standardsysteme erstellt, die das im zweiten Arbeitsschritt anzuwendende Austauschverfahren iterativ verbessert (vgl. Abb 5.10).

| Arbeitsschritte des Verfahrens | Ergebnisse für die Grobauswahl |
|---|---|
| 1 | Durchführung eines agglomerativ-hierarchischen Clusteranalyseverfahrens ( "Entropieanalyse" ) | Klasseneinteilung der IPS-Standardsysteme |
| 2 | Durchführung des iterativen Austauschverfahrens | Nach Wahl der Klassenanzahl, Verbesserung der Klassen-einteilung durch Umgruppierung von Systemen |

Abb. 5.10: Arbeitsschritte und Ergebnisse des Verfahrens

Als Ergebnis ergibt sich eine Klasseneinteilung der untersuchten IPS-Standardsysteme mit ähnlichen Leistungsprofilen. Die Anzahl der Klassen – und damit auch die Anzahl der Systeme je Klasse – kann hierbei nach dem ersten Arbeitsschritt nach Wunsch variiert werden. Hierbei bildet die Größe der Inhomogenitäten der erzeugten Klassen auf der Basis des Dendrogramms das Entscheidungskriterium (vgl. BREER, SENT 1988, S. 63 ff.).

Die manuelle Durchführung des Verfahrens führt jedoch zu einem derartig hohen zeitlichen und finanziellen Aufwand, daß ein EDV-Einsatz wirtschaftlich sinnvoll ist. Unter der Berücksichtigung der expandierenden Entwicklung des Marktangebotes an IPS-Standardsystemen (vgl. Kap. 1) verstärkt sich der Wunsch nach einer EDV-gestützten Klasseneinteilung, da jedes neu (bzw. nicht mehr) angebotene System eine neue Durchführung der Klasseneinteilung erfordert.

Daher ist das beschriebene Verfahren als Programmsystem zur Clusteranalyse modular aufgebaut und in PASCAL Vers. 3.1 b auf einer Siemens 7.536 unter BS 2000 Vers. 7.5 implementiert worden. Es kann unter dem Namen "SABINE.1" (Systematische Auswahl und Bewertung von Instandhaltungssystemen mit EDV-Unterstützung) in der Programmbibliothek des Forschungsinstitutes für Rationalisierung (FIR) eingesehen werden.

Als ein beispielhaftes Ergebnis für eine Klasseneinteilung stellt sich unter den Voraussetzungen einer Gleichgewichtung aller Merkmale, d.h. der Grobauswahlkriterien, und einer Vorgabe von 7 Systemklassen die in Abbildung 5.11 dargestellte Einteilung heraus.

| Klasse | Systeme | Klasse | Systeme |
|---|---|---|---|
| 1 | Instandhaltungssystem (Fraser)<br>SISY<br>MAIN TOOL<br>TELBEK<br>ARTEMIS | 4 | IHS (FEG)<br>SHS – Instandhaltungssystem<br>SMS |
| 2 | WP 68<br>WARTAS<br>INVO<br>PI – System<br>Vorbeugende Instandhaltung<br>TVI | 5 | IMMS<br>GEI – IHS<br>SIHI<br>BESBET<br>PLATIN<br>MADS |
| 3 | Instandhaltung<br>IOS + E<br>IMAK<br>QUMAIN<br>WITA<br>W 4100<br>W 4101 | 6 | INS / 38<br>COMPASS<br>SUPREMA |
| | | 7 | HP – Instandhaltung<br>IBA – Plan – System<br>INVERS<br>RM – Inst<br>TEROMAN |

<u>Abb. 5.11</u>:   Beispielhaftes Ergebnis einer Klasseneinteilung von IPS-Standardsystemen

Es ist nun zu untersuchen, in wieweit diese Klassen durch typologische Grundmuster charakterisiert sind, die dann mit dem Anforderungsprofil eines Unternehmens verglichen werden können.

Das typologische Grundmuster – also das Leistungsprofil – einer Klasse ergibt sich aus den Leistungsprofilen der in ihr zusammengefaßten IPS-

Standardsysteme. Besitzen alle Systeme einer Klasse die gleiche Ausprägung eines Grobauswahlmerkmals, so stellt diese auch die Ausprägung der Klasse dar. Im entgegengesetzten Falle ist keine eindeutige Aussage über die Ausprägung eines Grobauswahlmerkmales für eine Klasse möglich.

Zur Bildung des Leistungsprofiles der Klassen leisten die in den Abbildungen 5.4 bis 5.7 dargestellten Ergebnisse der Markterhebung die notwendige Hilfestellung. Für das in Abbildung 5.11 angeführte Beispiel einer Klasseneinteilung ergibt sich unter diesen Voraussetzungen die in Abbildung 5.12 auszugsweise dargestellten Leistungsprofile der Systemklassen.

| Funktionen | Funktionsausprägung | Klasse | | | | | | |
|---|---|---|---|---|---|---|---|---|
| | | 1 | 2 | 3 | 4 | 5 | 6 | 7 |
| Material-bedarfs-bestimmung | Auftragsbezogene Bedarfsbestimmung | 0 | — | — | — | — | — | — |
| | Auftragsneutrale Bedarfsbestimmung | — | — | — | — | — | — | 0 |
| Materialsbe-schaffungs-rechnung | Periodische Beschaffungsrechnung | 0 | — | — | 0 | 0 | — | 0 |
| Material-reservierung | Auftragsbezogene Reservierung von Beständen | — | — | 1 | — | — | — | 1 |
| Material-bestands-führung- | Aktuelle Lagerbestandsführung | — | 0 | — | — | — | 0 | 1 |
| | Aktuelle Bestellbestandsführung | — | 0 | — | — | 0 | 0 | 1 |
| | Aktuelle Reservierungsbestandsführung | 0 | 0 | — | — | 0 | 0 | 1 |

Legende:   0 ≙ Keine EDV-Unterstützung durch Systeme möglich

        1 ≙ EDV-Unterstützung durch alle Systeme möglich

        — ≙ Keine Aussage möglich

**Abb. 5.12**: Beispiel der Leistungsprofile von einzelnen Systemklassen für die Funktionsgruppe Mengenplanung

Nachdem auf diese Weise die typologischen Grundmuster der Systemklassen ermittelt werden können, ist diesen das unternehmensspezifische Anforderungsprofil gegenüberzustellen.

Zum Abgleich des Anforderungsprofils mit den Leistungsprofilen der

Systemklassen bietet sich folgendes Verfahren an (vgl. Abb. 5.13):

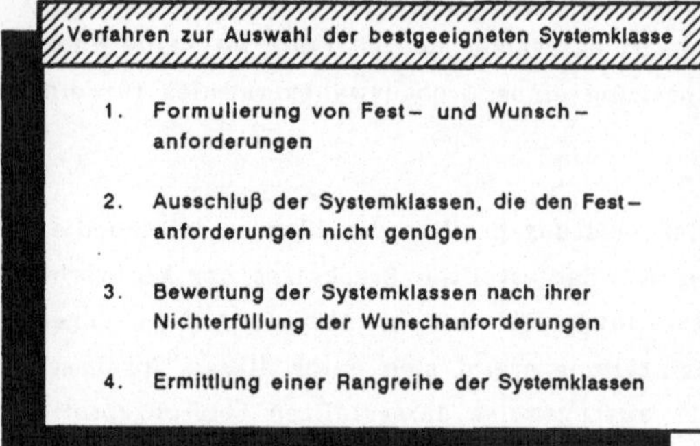


Abb. 5.13:    Verfahren zur Klassenauswahl

Zunächst definiert der zukünftige Anwender eines IPS-Standardsystems
die Funktionsausprägungen in seinem Anforderungsprofil, auf deren
EDV-Unterstützung er auf keinen Fall verzichten will. Dies sind seine
Festanforderungen. Die übrigen EDV-gestützten Funktionsausprägungen
des unternehmensspezifischen Anforderungsprofils werden im weiteren
als Wunschanforderungen bezeichnet.

Im Anschluß sind die Leistungsprofile der Systemklassen daraufhin zu
untersuchen, ob sie die Festanforderungen erfüllen. Ist dies nicht der
Fall (beim Auftreten einer "0" im Leistungsprofil einer Klasse, vgl. Abb.
5.12), sind diese Klassen von der weiteren Betrachtung auszuschließen.
Als extremes Ergebnis dieses Arbeitsschrittes ist denkbar, daß alle Systemklassen sich als ungeeignet zur Erfüllung der Festanforderungen
herausstellen. Bei diesem Resultat muß der zukünftige EDV-Anwender
die Definition seiner Festanforderungen kritisch diskutieren. Kommt er
jedoch zu keiner anderen Entscheidung, ist für seine unternehmensspezifischen Anforderungen ein IPS-Standardsystem ohne aufwendige Zu-
satzprogrammierung nicht geeignet.

Nach der möglichen Reduzierung der Anzahl geeigneter Systemklassen
sind die Leistungsprofile der verbliebenen Klassen zu untersuchen, wie
genau sie das Profil der Wunschanforderungen abdecken. Hierzu sind-
für jede Funktionsausprägung - denjenigen Systemklassen Bewertungszahlen zuzuordnen, die aufgrund ihres Leistungsprofiles den Wunsch

nach einer EDV-Unterstützung auf jeden Fall nicht erfüllen können, d. h. für dieses Merkmal die Ausprägung "0" aufweisen. Als Bewertungszahlen können die Gewichtungsfaktoren herangezogen werden, die der zukünftige Nutzer eines IPS-Standardsystems zur Formulierung der unternehmensspezifischen Bedeutung der EDV-Unterstützung jeder Funktionsausprägung vergeben hat (vgl. Kap. 5.1). Die Summe der Bewertungszahlen aller durch das Leistungsprofil einer Klasse nicht erfüllbaren Wunschanforderungen wird im folgenden als Maß für den Deckungsgrad des Klassenleistungsprofils mit dem Anforderungsprofil genutzt.

Nach der Bewertung aller Systemklassen kann eine Rangreihe der Systemklassen aufgestellt werden. Hierbei nimmt die Systemklasse mit der niedrigsten Summe der Bewertungszahlen die erste Position ein, die anderen Klassen werden nach steigender Summenhöhe nachfolgend so angeordnet, daß die Klasse mit der höchsten Summe der Bewertungszahlen das letzte Objekt der Rangreihe bildet.

Die so ermittelte Reihenfolge der Systemklassen dokumentiert die Reihenfolge des höchsten Deckungsgrades zwischen Anforderungsprofil und Systemklassenleistungsprofil. Im Rahmen der Grobauswahl eines anforderungsgerechten IPS-Standardsystems ist nun die Klasse, die den ersten Rang der Reihe einnimmt, auszuwählen. Im weiteren Verlauf müssen die Systeme dieser Klasse einer weiterführenden Untersuchung unterzogen werden.


## 5.3 Verfahren zum Einsatz von K. O. - Kriterien

Die IPS-Standardsysteme der nach unternehmensspezifischen Anforderungen ausgewählten Systemklasse bilden den engen Kreis der geeigneten Systeme für das jeweilige Unternehmen. Bevor diese Systeme jedoch im Rahmen einer Feinauswahl genauer untersucht und bewertet werden, ist es sinnvoll, die Systemanzahl weiter zu reduzieren. Gründe hierfür sind einerseits in der Verringerung des Auswahlaufwandes zu sehen, auf der anderen Seite kann die Gefahr gebannt werden, sich auf solche Systeme zu konzentrieren, die sich aus unternehmensspezifischen Bedingungen, die bislang noch nicht betrachtet wurden, als ungeeignet herausstellen.

Eine Möglichkeit zur Reduzierung der Systemanzahl der ausgewählten Klasse besteht in der Formulierung von sogenannten "K.O.-Kriterien", d.h. Standardsystemmerkmale, die der zukünftige IPS-Systemnutzer unbedingt verlangt. Da die Klasseneinteilung unter dem Gesichtspunkt der Anwendungssoftware erfolgt und entsprechende Anforderungen bei der Gruppierung durch die Vergabe von Gewichtungsfaktoren und Festanforderungen ausgedrückt werden können, ergeben sich die K.O.-Kriterien aus den Systemkomponenten Hardware und Systemsoftware.

Das entwickelte Verfahren (vgl. Abb. 5.14) sieht vor, die Klassensysteme auf ihre Fähigkeit zur Erfüllung der formulierten K.O.-Merkmale zu untersuchen. Erfüllen ein oder mehrere Leistungssprofile der Klassensysteme die Anforderungen der K.O.-Kriterien, so sind diese Systeme zur Feinauswahl zugelassen. Kann jedoch kein System die K.O.-Kriterien erfüllen, muß der zukünftige Systemanwender überprüfen, ob er die K.O.-Kriterien in der vorliegenden Form aufrechterhalten will. Ist dies

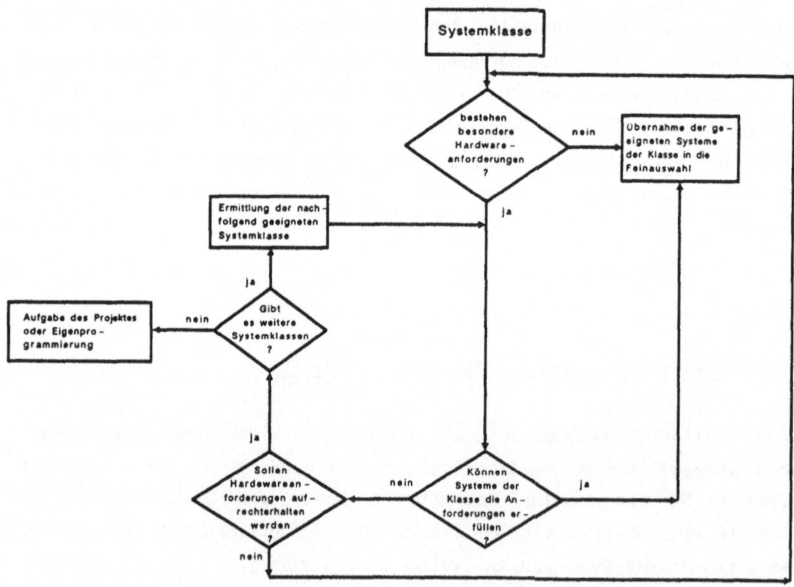


Abb. 5.14: Vorgehensweise zur Reduzierung der Systemanzahl einer Klasse durch Formulierung von K.O.-Kriterien (z. B. Hardwareanforderungen)

nicht der Fall, sind alle Systeme auf die Erfüllung der neu zu formulie-
renden K.O.-Kriterien zu untersuchen. Beharrt der zukünftige Systemanwender jedoch auf seinen Anforderungen, ist die gesamte Klasse der aus
Sicht der Anwendungssoftware optimalen Systeme für ihn ungeeignet. Er
muß dann die Klasse untersuchen, die für seine spezifischen Grobauswahlkriterien den nächsten Rang der Reihe einnimmt (vgl. Kap. 5.2).

Findet er im Rahmen dieser iterativen Vorgehensweise kein System, fällt
die letzte Entscheidung zwischen einer Eigenprogrammierung und einer
Aufgabe des Projektes zur EDV-Unterstützung der Instandhaltungsplanung, -steuerung und -analyse. Eine mögliche Form der Reduzierung der
Systemanzahl einer Klasse zeigt das Praxisbeispiel in Kapitel 7. Die Systeme der ausgewählten Klasse, die die Anforderungen der K.O.-Krite-
rien erfüllen, stellen das Ergebnis der Grobauswahl dar.

Um den Aufwand zur Durchführung der Grobauswahl für jedes interes-
sierte Unternehmen entscheidend zu verringern und zur Sicherung von
Objektivität und Reliabilität, bietet es sich an, eine neutrale Stelle
sowohl mit der Durchführung als auch mit der Pflege des erforderlichen
Datenmaterials zu betrauen. Vor allem letztgenannter Aufgabe kommt
eine hohe Bedeutung zu, da insbesondere die aktuelle und objektive
Ermittlung des Leistungsprofiles aller auf dem Markt angebotener Systeme eine Grundvoraussetzung zur Durchführung der Grobauswahl darstellt. Diese Aufgabe ist unternehmensunabhängig, ihre Ergebnisse
können deshalb von jedem zukünftigen Anwender eines IPS-Standardsystems genutzt werden. In dem Verantwortungsbereich des Anwenders
verbleibt jedoch die Erarbeitung des unternehmensspezifischen Anforderungsprofils mit der Definition von Festanforderungen und K.O.-Krite-
rien.

Im folgenden soll nun eine Vorgehensweise mit den zugehörigen Hilfs-
mitteln vorgestellt werden, mit denen die IPS-Standardsysteme, die sich
durch die Grobauswahl und der nachfolgenden Formulierung von K.O.-
Merkmalen als geeignet herauskristallisiert haben, im Rahmen einer
Feinauswahl zu beurteilen sind.

## 6 Feinauswahl von IPS-Standardsystemen

Nachdem sich ein Unternehmen grundsätzlich für den Einsatz eines EDV-Systems zur Instandhaltungsplanung und -steuerung entschlossen hat, hängt der Kauf eines geeigneten Standardsystemes häufig von dessen Wirtschaftlichkeit ab. Obwohl in der Literatur verschiedene Autoren darauf hinweisen, daß ohne den EDV-Einsatz die Aufgaben der Instandhaltung nicht mehr zufriedenstellend zu lösen sind (vgl. u. a. ENSCORE, BURNS 1983, S. 357; GIESEBRECHT 1986, S. 96; BROCKER 1987, S.352), fordern viele Entscheidungsträger eine Wirtschaftlichkeitsbetrachtung als Grundlage der Entscheidungsfindung. Dieser Argumentation kann durchaus gefolgt werden, hält man sich das Investitionsvolumen vor Augen, das mit dem Kauf eines IPS-Systems verbunden ist. So erreichen die Kaufpreise allein der Software ohne Implementierungs- und Schulungskosten eine sechsstellige Größenordnung (vgl. HARTUNG 1985, S. 17).

Im Rahmen einer Wirtschaftlichkeitsrechnung ist der Aufwand für Kauf und Einsatz eines IPS-Standardsystems der systemabhängige Nutzen als Differenz der Instandhaltungskosten vor und nach Systemeinführung entgegenzustellen. "Das heißt, eine umfassende Nachweisführung setzt voraus, daß zuverlässige vergleichbare Daten aus dem früheren Zustand zur Verfügung stehen und daß zwischenzeitlich keine Veränderungen der Einflüsse, die das Instandhaltungsgeschehen mitbestimmen, eingetreten sind. Da dies nicht zu erwarten ist, ist es auch nicht möglich, den Gesamtnutzen eines Systems zu ermitteln und in Kosten darzustellen" (BROCKER 1987, S. 353). Hinzu kommt, daß der Einsatz eines IPS-Standardsystems auch Nutzen schöpft, die schwer oder gar nicht quantifizierbar sind, z. B. Erhöhung der Transparenz, Ermittlung des optimalen Zeitpunktes einer Ersatzinvestition oder Verringerung der Mitarbeiterfluktuation.

Somit scheiden übliche Verfahren der Wirtschaftlichkeits- oder Investitionsrechnung für eine Feinauswahl aus. Eine Möglichkeit zur Beurteilung und Bewertung alternativer IPS-Standardsysteme stellt jedoch die Nutzwertanalyse dar, die für die Auswahl anderer EDV-Systeme bereits erfolgreich eingesetzt worden ist (vgl. Kap. 3).

## 6.1 <u>Beschreibung des Verfahrens der Nutzwertanalyse</u>

Die Nutzwertanalyse "bietet Möglichkeiten zur Analyse einer Menge komplexer Handlungsalternativen mit dem Ziel, diese Alternativen gemäß den aktuellen Prioritäten des Anwenders in eine Rangordnung zu bringen. Für die Ermittlung dieser Rangordnung muß der sogenannte Nutzwert jeder Alternative gebildet werden" (KURTH 1972, S. 509). Dabei ist der Nutzwert der "subjektive, durch die Tauglichkeit zur Bedürfnisbefriedigung bestimmte Wert eines Gutes" (vgl. ZANGEMEISTER 1976, S. 45). Der besondere Vorteil – insbesondere im Hinblick auf die vorliegende Problemstellung von nicht oder schwer monetär quantifizierbaren Nutzengrößen – liegt in der Unabhängigkeit von Kostengrößen. Bewertet wird vielmehr die Erfüllung selbst definierter, beliebig gearteter Ziele. Eine Gliederung des Ablaufs einer Nutzwertanalyse kann in folgende Teilschritte erfolgen (vgl. BRIEF 1984, S. 28):

a)  Zusammenstellung der in Frage kommenden Alternativen $A_1,...,A_N$;

b)  Aufstellung des Zielsystems, d.h. Definition von Teilzielen, deren letzte Hierarchiestufe die einzelnen Bewertungsmermale $m_1,...,m_k$ darstellen;

c)  Beschreibung der Zielerträge $m_{ij}$ je Alternative und Merkmal;

d)  Bewertung der Zielerträge $m_{ij}$ und Gewichtung des Zielsystems durch unternehmensspezifische Faktoren $g_j$;

e)  Berechnung der Nutzwerte je Alternative durch Addition der gewichteten Zielwerte $n_{ij}$;

f)  Empfindlichkeitsanalyse durch Variation entweder der Gewichtungsfaktoren $g_j$ oder der Zielwerte $n_{ij}$;

g)  Aufstellung der Rangreihe in einer Nutzwertmatrix.

Abbildung 6.1 stellt die aufgeführten Teilschritte der Nutzwertanalyse in ihrer zeitlichen Reihenfolge dar (vgl. BRIEF 1984, S. 29).

Im folgenden sollen insbesondere die Arbeitsschritte b, c und d diskutiert werden, da die Teilschritte e bis g lediglich Ergebnisse arithmetischer Operationen darstellen, deren Ermittlung später ein Praxisbeispiel veranschaulicht (vgl. Kap. 7).

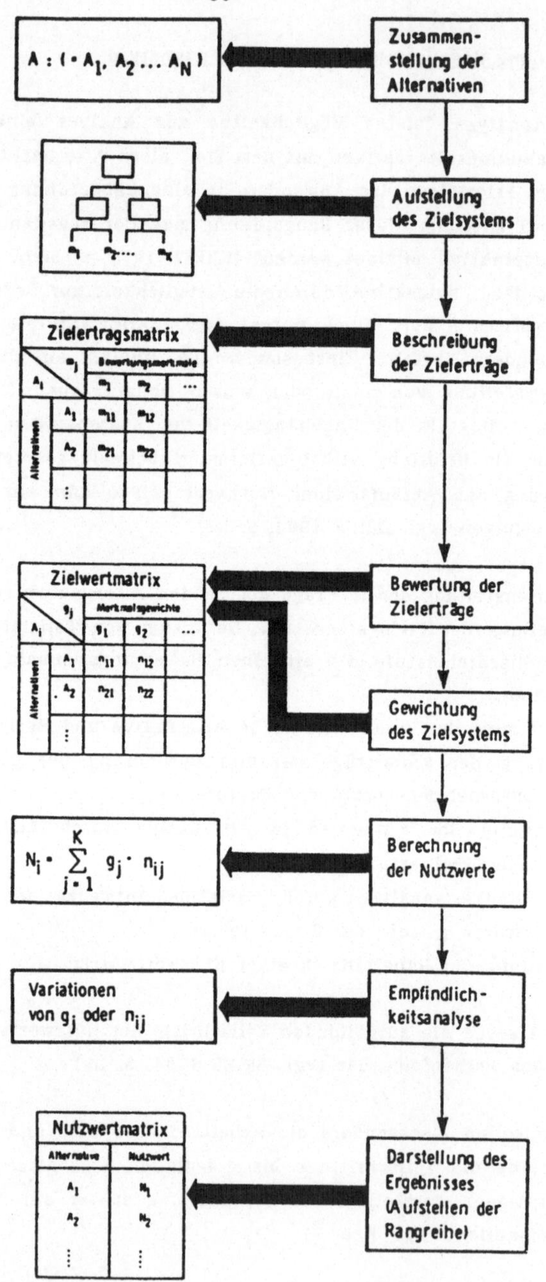



**Abb. 6.1:** Ablauf der Nutzwertanalyse (vgl. BRIEF 1984, S. 29)

Der erste Teilschritt - Zusammenstellung der in Frage kommenden Alternativen - liegt als Ergebnis der im vorangegangenen Kapitel erläuterten Grobauswahl von IPS-Standardsystemen bereits vor. Für die verbleibenden Teilschritte der Nutzwertanalyse ist es Aufgabe der vorliegenden Arbeit, Planungshilfen zur Aufstellung des Zielsystems, Beschreibung der Zielerträge sowie zur Bewertung der Zielerträge und Gewichtung des Zielsystems zur Verfügung zu stellen (vgl. Abb. 6.2 ).

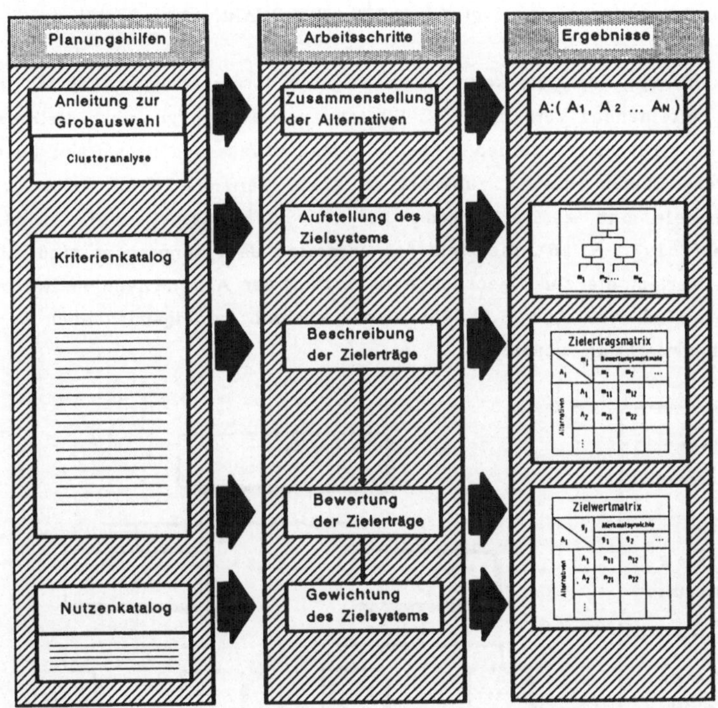


**Abb. 6.2:** Einsatz von Planungshilfen zur Nutzwertanalyse von IPS-Standardsystemen

Im einzelnen bestehen diese Hilfen in einem Kriterien- sowie einem Nutzenkatalog. Die Wirkungsweise dieser Planungshilfen sowie ihre Handlungsanleitung für einen Einsatz in der Nutzwertanalyse werden im folgenden beschrieben.

## 6.2 Aufstellung des Zielsystems

Um ein Entscheidungsproblem angemessen durch Ziele beschreiben zu können, müssen diese zunächst in einer möglichst systematischen Weise gesucht, sinnvoll angeordnet und anschließend vervollständigt werden (vgl. RINZA, SCHMITZ 1977, S. 23). Als Ergebnis dieses Arbeitsschrittes entsteht als Grundlage des Auswahlverfahrens ein Zielsystem, das eine geordnete Menge von Zielen darstellt, die bei der Entscheidungsfindung zu berücksichtigen sind (vgl. ELLINGER, WILDEMANN 1978, S. 43).

Eine Ordnung der Ziele kann am günstigsten derart erfolgen, daß sie in Form miteinander verzweigter Zielketten systematisch zu einer Zielhierarchie strukturiert werden. Dabei wird das umfassende Gesamtziel über mehrere Ebenen hinweg zunächst in grobe Teilziele, dann weiter in Unterziele und so fort immer stärker konkretisiert (vgl. RINZA, SCHMITZ 1977, S. 25). Die Ziele der untersten Bewertungsebene sind die Zielkriterien, die zur eigentlichen Bewertung der Alternativen heranzuziehen sind (vgl. Abb. 6.3). Sie werden deshalb im folgenden auch Bewertungsmerkmale genannt.

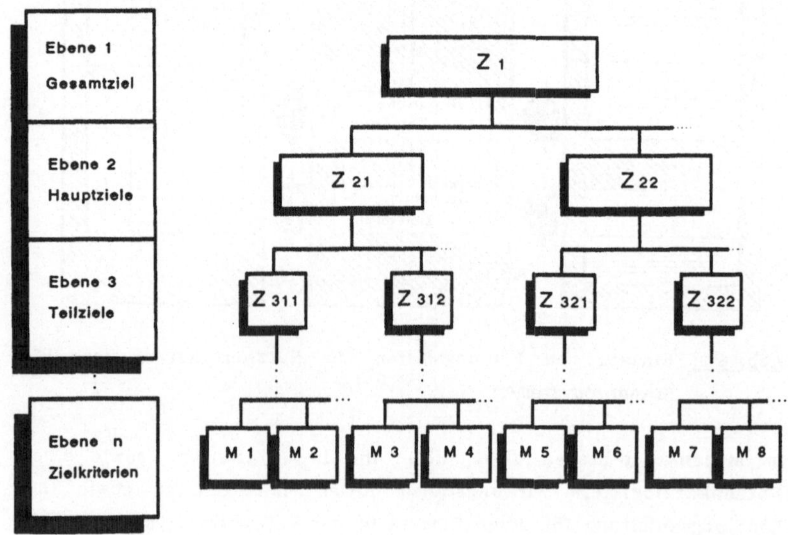


<u>Abb. 6.3:</u> Ausschnitt aus einem hierarchischen Zielsystem

Durch eine horizontale Aufteilung wird das Gesamtziel mit jeder Ebene in weitere Teil- bzw. Unterziele aufgegliedert, wobei zu beachten ist, daß die Ziele einer Ebene in etwa die gleiche Wichtigkeit besitzen.

Für die Durchführung der Nutzwertanalyse eignet sich ein so aufgebautes Zielsystem besonders gut, da es eine Gewichtung der Einzelziele erleichtert.

Im folgenden soll nun ein situationsgerechtes Zielsystem zur Bewertung von IPS-Standardsystemen vorgestellt werden.

Es entstand mittels einer deduktiven Vorgehensweise durch Gliederung des Gesamtzieles in Hauptziele, die wiederum in Teilziele, bzw. Unterziele bis zur untersten Ebene des Zielsystems, den Zielkriterien oder Bewertungsmerkmalen gegliedert werden. Die Einteilung des Zielsystems geschah zum einem auf der Basis der Betrachtung funktionaler Zusammenhänge; zum anderen flossen die im Rahmen von durchgeführten Auswahlprojekten, Literaturhinweisen und intensiven Gesprächen mit Systemherstellern und -nutzern gewonnenen Erfahrungen in die Arbeit ein.

Die Abbildungen 6.4 und 6.5 zeigen das entwickelte Zielsystem in einer übersichtlichen und für den Einsatz zu einer Nutzwertanalyse geeigneten Form mit Ausnahme des jeweils letzten Gliedes der Zielketten, den Zielkriterien. Das Zielsystem gliedert sich in sieben Ebenen, wobei in der letzten die Zielkriterien zusammengefaßt sind. Insgesamt ergaben sich bei der Erarbeitung des Zielsystems 281 Merkmale, die für eine Bewertung von IPS-Standardsystemen heranzuziehen sind.

Im folgenden soll die Entwicklung des Zielsystems detailliert erläutert werden.

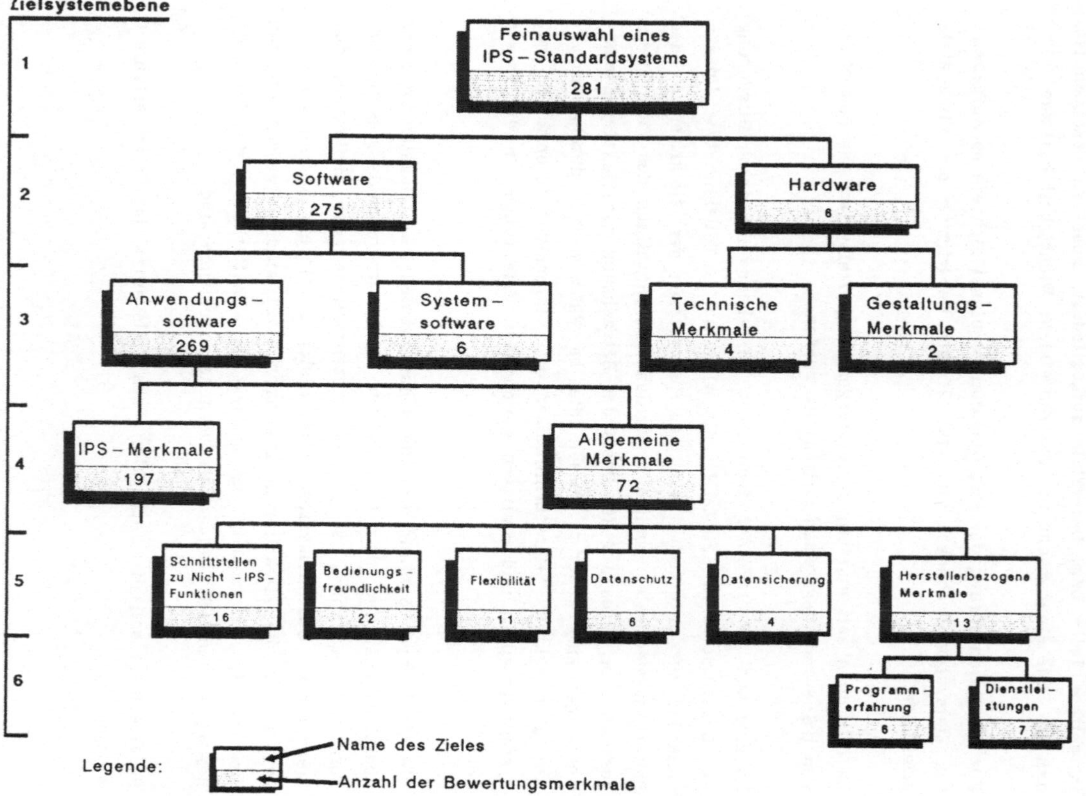


**Abb. 6.4:** Zielsystem zur Feinauswahl eines IPS-Standardsystems (ohne IPS-Merkmale)

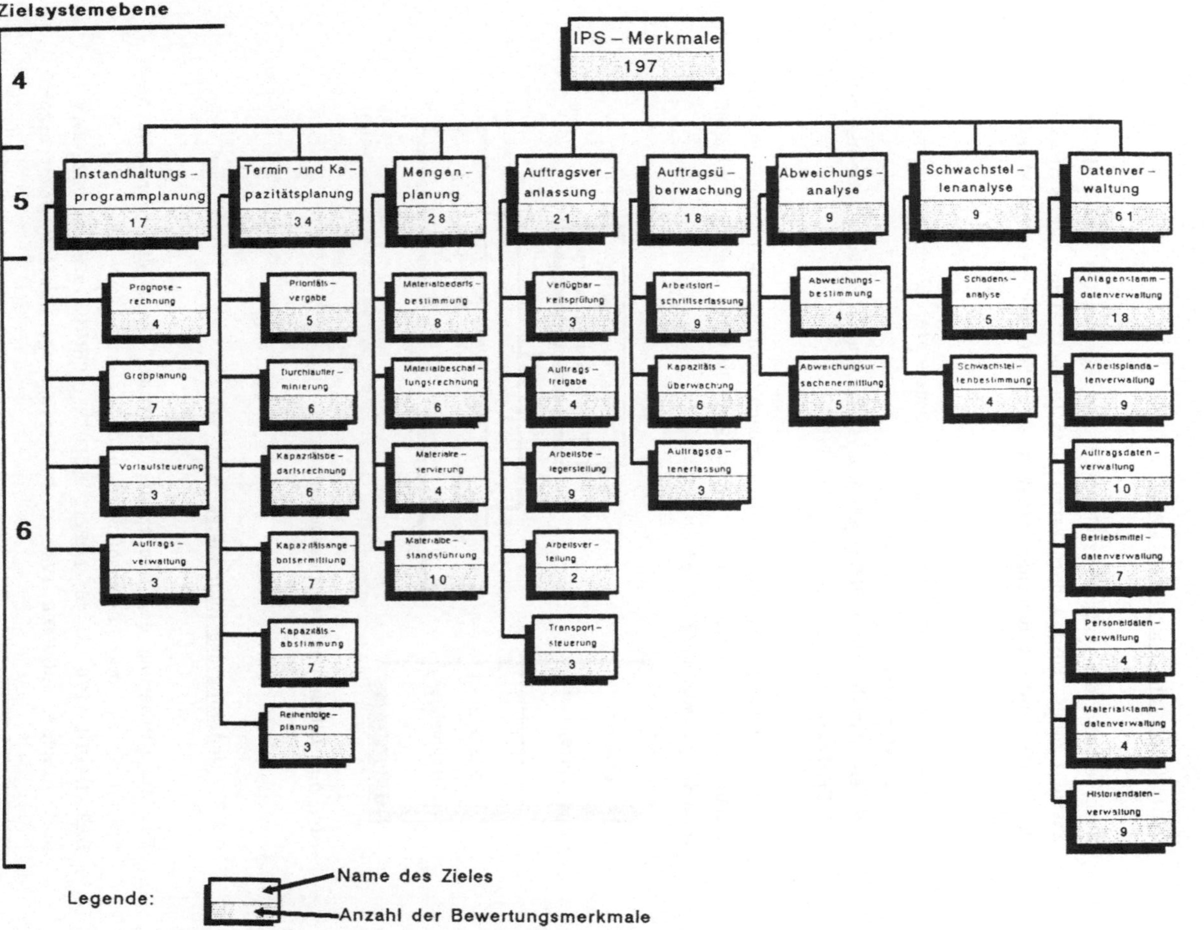


Abb. 6.5: Zielsystem zur Feinauswahl eines IPS-Standardsystems (nur IPS-Merkmale)

### 6.2.1 Gliederung des Gesamtzieles

Entsprechend der Aufgabenstellung dieses Abschnittes stellt die Feinauswahl eines IPS-Standardsystems das Gesamtziel des Zielsystems dar. Durch die erste Gliederung ergeben sich auf der zweiten Ebene die Hauptziele

- Feinauswahl eines IPS-Standardsystems unter Berücksichtigung der Software und
- Feinauswahl eines IPS-Standardsystems unter Berücksichtigung der Hardware[1].

Diese Gliederung (vgl. Abb. 6.6) entspricht den häufig in der Literatur beschriebenen Hauptelementen eines EDV-Systems (vgl. u. a. LÖBEL, MÜLLER, SCHMID 1978, S. 622).

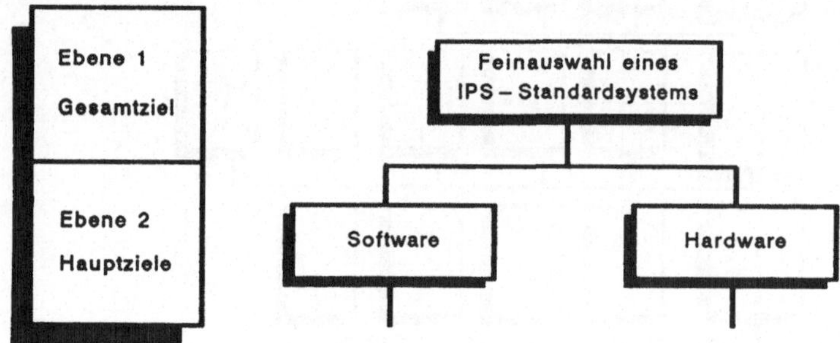


**Abb. 6.6:** Gliederung des Gesamtzieles

### 6.2.2 Gliederung des Hauptzieles "Software"

Für die Gliederung des Hauptzieles "Software" kann die gebräuchliche Einteilung in Anwendungssoftware und Systemsoftware (vgl. u.a. MADER, HAGIN 1976, S. 45; LÖBEL, MÜLLER, SCHMID 1978, S. 622; HANSEN, AMSÜSS, FRÖMMER 1983, S. 7) herangezogen werden. Somit erge-

---

[1] Im folgenden soll bei den Zieldefinitionen aufgrund der Übersichtlichkeit nur eine Kurzbeschreibung des Zieles verwendet werden, wie z. B. "Feinauswahl eines IPS-Standardsystems", "Software" oder "Hardware".

ben sich als Teilziele

- Feinauswahl eines IPS-Standardsystems unter Berücksichtigung der
  "Anwendungssoftware" und
- Feinauswahl eines IPS-Standardsystems unter Berücksichtigung der
  "Systemsoftware" (vgl. Abb. 6.7).

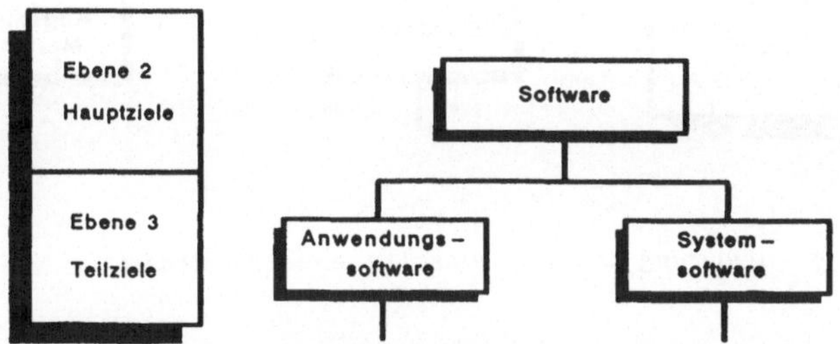


__Abb. 6.7:__ Gliederung des Hauptzieles "Software"

### 6.2.2.1  Gliederung des Teilzieles "Anwendungssoftware"

Die Anwendungssoftware eines EDV-Systems läßt sich grundsätzlich
beurteilen nach Art und Umfang der ausgeführten Programme. Für die
vorliegende Problemstellung der Feinauswahl eines IPS-Standardsystems
bedeutet dies eine Zieldifferenzierung einerseits nach den Merkmalen
der IPS-Funktionen der Instandhaltungsplanung, -steuerung sowie -ana-
lyse (Umfang) und andererseits nach allgemeinen Merkmalen, die die Art
der EDV-Unterstützung der IPS-Funktionen beschreiben (Art). Damit
ergibt sich folgende Gliederung des Teilzieles "Anwendungssoftware"
(vgl. Abb. 6.8):

- Feinauswahl eines IPS-Standardsystems unter Berücksichtigung der
  "IPS-Merkmale" und
- Feinauswahl eines IPS-Standardsystems unter Berücksichtigung von
  "allgemeinen Merkmalen".

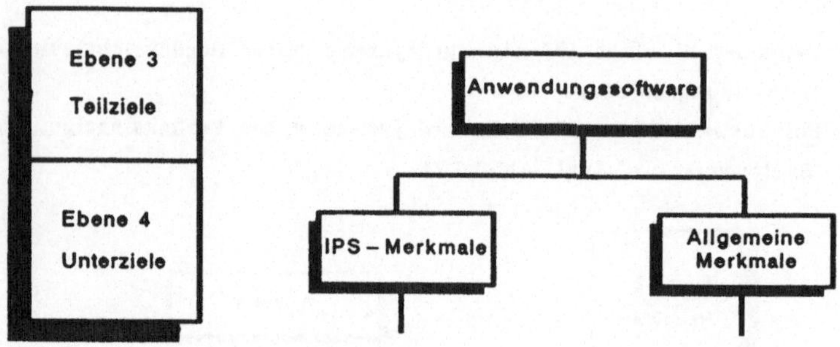


**Abb. 6.8:** Gliederung des Teilzieles "Anwendungssoftware"

### 6.2.2.1.1 Gliederung des Unterzieles "IPS-Merkmale"

Die Gliederung des Unterzieles "IPS-Merkmale" erfolgt in Anlehnung an die Definitionen der Funktionsgruppen und Funktionen der Instandhaltungsplanung und -steuerung sowie -analyse (vgl. Abb. 2.2). Somit ergeben sich auf der fünften Ebene die Ziele

- Feinauswahl eines IPS-Standardsystems unter Berücksichtigung der "Instandhaltungsprogrammplanung",
- Feinauswahl eines IPS-Standardsystems unter Berücksichtigung der "Termin- und Kapazitätsplanung",
- Feinauswahl eines IPS-Standardsystems unter Berücksichtigung der "Mengenplanung",
- Feinauswahl eines IPS-Standardsystems unter Berücksichtigung der "Auftragsveranlassung",
- Feinauswahl eines IPS-Standardsystems unter Berücksichtigung der "Auftragsüberwachung",
- Feinauswahl eines IPS-Standardsystems unter Berücksichtigung der "Abweichungsanalyse",
- Feinauswahl eines IPS-Standardsystems unter Berücksichtigung der "Schwachstellenanalyse" und
- Feinauswahl eines IPS-Standardsystems unter Berücksichtigung der "Datenverwaltung".

Jedes dieser acht Ziele, die den Funktionsgruppen der Instandhaltungsplanung und -steuerung sowie -analyse entsprechen (vgl. Kap. 2.2),
können gemäß der Funktionsgliederung in Einzelziele strukturiert werden, die den Funktionen einer zugehörigen Funktionsgruppe entsprechen.
Somit ergeben sich auf der sechsten Ebene die Ziele "Feinauswahl eines
IPS-Standardsystems unter Berücksichtigung der Funktion X". Als Beispiel für diesen Schritt soll die Gliederung der "Termin- und Kapazitätsplanung" erläutert werden, für die sich die in Abbildung 6.9 dargestellte Struktur ergibt.

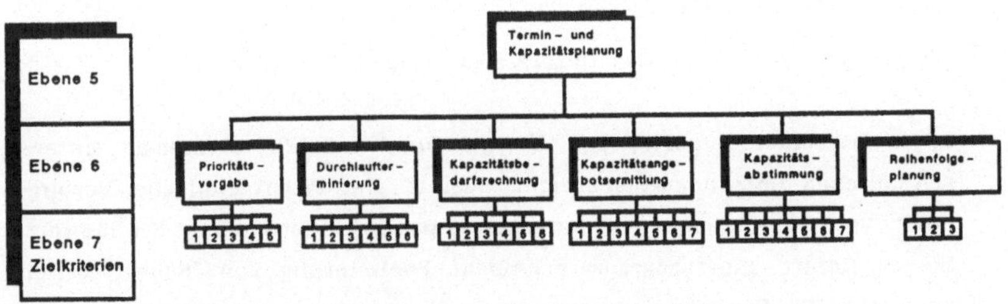


Abb. 6.9: Gliederung der "Termin- und Kapazitätsplanung"

Eine analoge Gliederung ergibt sich für die Ziele Instandhaltungsprogrammplanung, Mengenplanung, Auftragsveranlassung, Auftragsüberwachung, Abweichungsanalyse, Schwachstellenanalyse und Datenverwaltung.
Die Zielketten enden jeweils in der siebten Ebene mit der Formulierung
der Ziel- bzw. Bewertungskriterien, deren Herleitung im weiteren Verlauf zusammenfassend erläutert wird (vgl. Kap. 6.3).


6.2.2.1.2  <u>Gliederung des Unterzieles "Allgemeine Merkmale"</u>

Die "allgemeinen Merkmale" dienen zur Beschreibung der Nutzungsmög-
lichkeiten der EDV-Unterstützung der IPS-Funktionen. Ihre Gliederung
ergibt auf der fünften Hierarchieebene sechs Einzelziele, die in Abbildung 6.10 dargestellt sind.

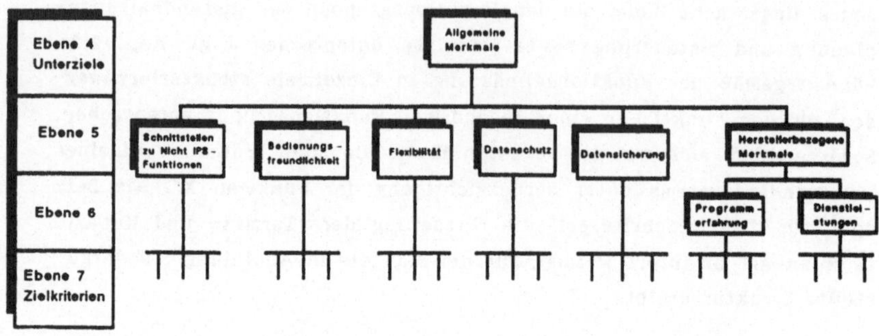


<u>Abb. 6.10</u>: Gliederung des Unterzieles "Allgemeine Merkmale"

Im Sinne einer zunehmenden Verknüpfung von EDV-Systemen unterschiedlicher Unternehmensbereiche besitzt die datentechnische Verbindung von verschiedenen Softwareprogrammen einen hohen Stellenwert. Hierzu liefert eine programmtechnische Realisierung von "Schnittstellen zu Nicht-IPS-Funktionen" eine wesentliche Voraussetzung und bedingt eine Formulierung als Ziel einer Feinauswahl von IPS-Standardsystemen.

Die "Bedienungsfreundlichkeit" der Anwendungssoftware zeichnet in hohem Maße verantwortlich für die Akzeptanz und damit die Effektivität eines Systems.

Die Bewertungsmerkmale der "Flexibilität" drücken die Anpassungsmöglichkeiten der Anwendungssoftware für betriebsindividuelle Anforderungen aus.

Der "Datenschutz" umfaßt die Aufgaben, personenbezogene sowie sensitive Daten des Unternehmens vor Zweckentfremdung und Mißbrauch zu schützen.

Die "Datensicherung" beinhaltet alle Maßnahmen zur Sicherung und Wiedererlangung von Daten, die durch technisches und menschliches Fehlverhalten gefährdet, bzw. verloren sind.

Die Zielketten der Ziele "Schnittstellen zu Nicht-IPS-Funktionen", "Bedienungsfreundlichkeit", "Flexibilität", "Datenschutz" und "Datensicherung" werden auf der sechsten Ebene nicht weitergehend aufgegliedert und enden mit der Gliederung in die jeweiligen Bewertungskriterien auf der siebten Ebene.

Dies gilt nicht für die "herstellerbezogenen Merkmale", die ein Maß für die Leistungsfähigkeit des Systemanbieters bilden. Sie sollen Aussagen ermöglichen, inwieweit z. B. das Produkt ausgereift ist oder welche Leistungen der Anbieter zur Systemwartung erbringt. Wie diese beiden Beispiele zeigen, ist es notwendig, vor der Formulierung der Zielkriterien eine weitere Gliederung vorzunehmen (vgl. Abb. 6.10):

- Feinauswahl eines IPS-Standardsystems unter Berücksichtigung der "Programmerfahrung" und
- Feinauswahl eines IPS-Standardsystems unter Berücksichtigung der "Dienstleistungen" des Anbieters.

Die Zielketten beider Ziele schließen auf der nächsten Ebene mit der Benennung der Bewertungskriterien ab.

## 6.2.2.2 Gliederung des Teilzieles "Systemsoftware"

Unter dem Begriff "Systemsoftware" werden Systemprogramme verstanden, die den Systembetrieb steuern und den Hardwareeinsatz koordinieren. Zu ihnen gehören z. B. Übersetzungs- oder Dienstprogramme (vgl. MADER, HAGIN 1976, S. 45). Eine Beurteilung der Leistungsfähigkeit einer Systemsoftware ist aufgrund der starken Hardwareorientierung nur auf der Basis der einzelnen Bewertungsmerkmale möglich, so daß die Zielkette des Teilzieles "Systemsoftware" ohne weitere Gliederung in den Zielkriterien endet, auf deren Darstellung in einem der folgenden Kapitel eingegangen wird (vgl. Kap. 6.3).

## 6.2.3 Gliederung des Hauptzieles "Hardware"

Zur Gliederung des Hauptzieles "Hardware" existieren in der Literatur verschiedene Ansätze. Als gut geeignet stellt sich ein Vorschlag von

BRIEF (1984, S.46 f.) heraus, der im Rahmen eines Zielsystems für die Durchführung einer Nutzwertanalyse zur Auswahl von Standardsystemen der Produktionsplanung und -steuerung das Ziel "Hardware" gliedert in "Technische Merkmale" und "Gestaltungsmerkmale". Somit ergeben sich für IPS-Standardsysteme analog die Teilziele (vgl. Abb. 6.11)

- Feinauswahl eines IPS-Standardsystems unter Berücksichtigung der "technischen Merkmale" und
- Feinauswahl eines IPS-Standardsystems unter Berücksichtigung der "Gestaltungsmerkmale".

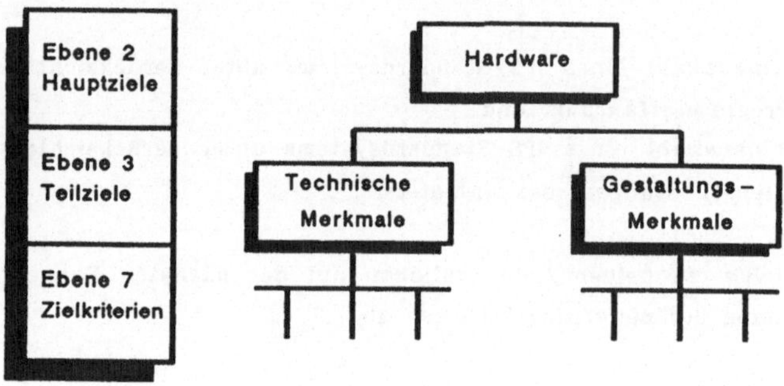


Abb. 6.11:    Gliederung der Hauptzieles "Hardware"

Mit Hilfe der "technischen Merkmale" sollen keine Beurteilungen über Leistungsmerkmale der Hardware, wie z. B. übertragbare Wortlänge oder Zugriffszeit erfolgen, sondern die Möglichkeiten der Hardware zur Erfüllung von quantitativen Anforderungen, beispielsweise die maximale Anzahl anschließbarer Terminals, abgebildet werden. Die "Gestaltungsmerkmale" befassen sich demgegenüber mit der ergonomischen Gestaltung der Bildschirmarbeitsplätze (vgl. BRIEF 1984, S. 469).

Die Zielketten beider Teilziele enden mit der sich direkt anschließenden Formulierung der einzelnen Ziel- bzw. Bewertungskriterien.

Mit den "Gestaltungsmerkmalen" der Hardware wurde der letzte Teil des Zielsystems zur Feinauswahl eines IPS-Standardsystems vorgestellt. Im folgenden sollen die Zielkriterien vorgestellt und ihre Bedeutung für die Nutzwertanalyse erläutert werden.

## 6.3 Beschreibung der Zielerträge

Die große Anzahl entscheidungsrelevanter Zielkriterien (vgl. Kap. 6.2) erfordert eine strukturierte Zusammenstellung, die mit Hilfe eines Kataloges erfolgen soll. Es sind daher nach der Ermittlung der Zielkriterien die Anforderungen an den Aufbau des Kataloges zu formulieren und aus diesen das Konzept des Kataloges abzuleiten.

Abschließend wird eine Vorgehensweise zum Einsatz des Kriterienkataloges für eine Nutzwertanalyse entwickelt und vorgestellt.

## 6.3.1 Ermittlung der Zielkriterien

Die Zielkriterien sind als die Merkmale definiert, deren Ausprägung das charakteristische Fähigkeitsprofil[1] eines IPS-Standardsystems beschreiben. Sie dienen somit als unmittelbare Bewertungsmerkmale, da die Merkmalsausprägungen gleichbedeutend sind mit den Zielerträgen (vgl. RINZA, SCHMITZ 1977, S. 39).

Die Zielerträge müssen die Forderung einer eindeutigen Definition und Meßbarkeit erfüllen, um für eine Nutzwertanalyse herangezogen werden zu können (vgl. BRIEF 1984, S. 57).

Wenn jedes IPS-Standardsystem bei jedem Zielkriterium, bzw. Bewertungsmerkmal genau einer definierten Ausprägung zugeordnet werden kann, ist die prinzipielle Voraussetzung für ein Auswahlverfahren geschaffen.

Diese Voraussetzungen führten zur Wahl der folgenden Vorgehensweise zur Ermittlung der Zielkriterien und ihrer Merkmalsausprägungen. Zunächst wurden die Zielkriterien für jedes Ziel aus sachlogischen Überlegungen, ergänzt um Ergebnisse einer detaillierten Literaturrecherche, abgeleitet. Im Anschluß erfolgte für jedes Zielkriterium eine Definition

---

[1] In diesem Zusammenhang wird von einem "Fähigkeitsprofil" eines IPS-Standardsystems gesprochen, um die Abgrenzung gegenüber dem in Kapitel 5 definierten "Leistungsprofil" eines IPS-Standardsystems deutlich zu machen. Basis des Leistungsprofiles sind die Grobauswahlkriterien, während das Fähigkeitsprofil auf den Zielkriterien aufbaut.

- 64 -

der Ausprägungen, gestützt auf Erfahrungen aus durchgeführten Auswahlprojekten von IPS-Standardsystemen.

Die so ermittelten Zielkriterien mit ihren Merkmalsausprägungen wurden im Rahmen der vorliegenden Arbeit in intensiven Gesprächen mit Anbietern und Nutzern von IPS-Standardsystemen überprüft und gegebenenfalls neu definiert.

Zur Gewährleistung von Objektivität und Reliabilität dieser Vorgehensweise ist es erforderlich, eine Fehlinterpretation oder unterschiedliche Einschätzung der Begriffsinhalte sowohl der Bewertungsmerkmale als auch ihrer Ausprägungen zu vermeiden. Aus diesem Grunde wurden die Kriterien und ihre Ausprägungen detailliert erläutert und diese Erläuterungen als Grundlage der Diskussionen mit Systemanbietern und Systemnutzern herangezogen.

Als Ergebnis dieser Vorgehensweise ergeben sich insgesamt 281 Merkmale. Jedes Bewertungsmerkmal wird durch maximal fünf Ausprägungen beschrieben, wobei jeweils die höchste Ausprägungsstufe den maximal erreichbaren Zielertrag eines Bewertungsmerkmals darstellt. Die Abbildung 6.12 zeigt dies am Beispiel der Bewertungsmerkmale zur Systemsoftware.

| Kriterien | Ausprägungsstufen | | | | |
|---|---|---|---|---|---|
| | 1 | 2 | 3 | 4 | 5 |
| Betriebssystem-leistung | Einpro-grammbe-trieb | Multipro-grammbe-trieb | | | |
| Zusätzliche betriebssy-stemnahe Programme | erforder-lich | nicht er-forderlich | | | |
| Betriebsart | Dialog und Batch alternativ | Dialog und Batch gleich-zeitig | Dialog/ Batch wähl-bar | | |
| Art der Datenhaltung | Einzelda-teien | Index-Sequentielle Dateien | Datenbank-system | | |

Abb. 6.12:  Zielkriterien und Ausprägungen des Ziels "Systemsoftware"

### 6.3.2 Struktur des Kriterienkataloges

Um die große Anzahl der Bewertungsmerkmale und ihrer Ausprägungen für eine Nutzwertanalyse nutzen zu können, ist eine strukturierte Zusammenstellung notwendig. Eine geeignete Möglichkeit stellt ein Katalog dar, an dessen Struktur unter dieser Zielsetzung die Anforderungen einer guten

- Übersichtlichkeit und
- Handhabbarkeit für die Aufgabenstellung

zu stellen sind.

Zur Sicherung der geforderten Übersichtlichkeit sind die gesammelten Daten nach definierten Kriterien zu ordnen und mit einer laufenden Nummer zu versehen. Diese Nummer muß neben einem identifizierenden auch einen klassifizierenden Charakter haben, um die Handhabbarkeit des Kataloges zu erleichtern. Zur Ermittlung einer Nummer, die diesen Anforderungen genügt, kann die Struktur des entwickelten Zielsystems herangezogen werden (vgl. Abb. 6.4 und 6.5). Hierbei ist anzustreben, daß der klassifizierende Nummernteil Aufschluß gibt über die Zugehörigkeit des Zielkriteriums zu dem hierarchisch übergeordneten Ziel. Andererseits muß aus Gründen der Übersichtlichkeit darauf geachtet werden, daß der klassifizierende Teil der Nummer nicht zu lang wird. Eine geeignete Möglichkeit, beide Anforderungen zu erfüllen, ergibt sich durch die Wahl der fünften Ebene des Zielsystems als Basis zur Vergabe des klassifizierenden Nummernteils. Die Zuordnung der Klassifizierungszahl zu den jeweiligen Zielen zeigt die Abbildung 6.13.

Die Ziele der fünften Zielsystemebene sind durchlaufend von 3 bis 16 nummeriert. Dieser Ansatz berücksichtigt die Tatsache, daß die Zielketten der "Systemsoftware" und der "Hardware" auf der vierten und fünften Ebene nicht weiter gegliedert sind. Diesen Zielen werden die Klassifizierungsnummern "1" (Hardware), bzw. "2" (Systemsoftware) zugeordnet.

Erfolgt eine weitere Gliederung der so gekennzeichneten Ziele, wird der Klassifizierungszahl für jedes Unterziel eine fortlaufende Ziffer

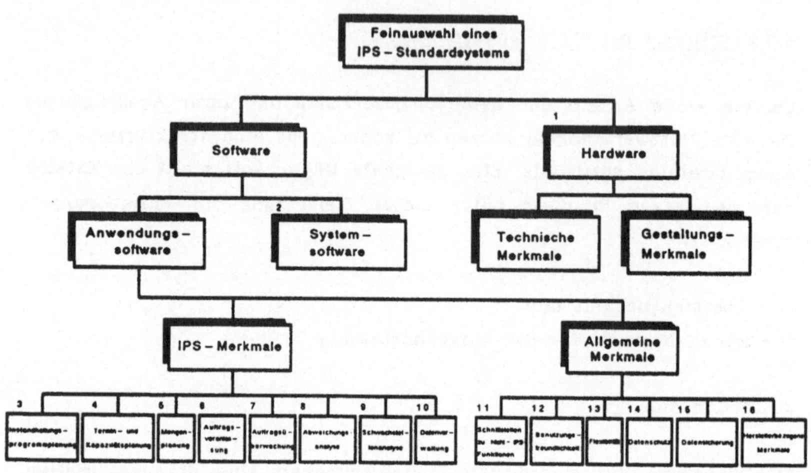


<u>Abb. 6.13</u>:    Struktur des Kriterienkataloges

angehängt. So sind z. B. die Ziele "Technische Merkmale" und "Gestaltungsmerkmale" als Unterziele der "Hardware" durch die Klassifizierungsnummer "1.1", bzw. "1.2" gekennzeichnet. Bei einer Ableitung der
Zielkriterien aus den nummerierten Zielen ohne weitere Zielgliederung
wird dies durch das Hinzufügen der Ziffer "0" an die erste Klassifizierungszahl dokumentiert. So weisen beispielsweise die Zielkriterien des
Zieles "Systemsoftware" die Klassifizierungsnummer "2.0" auf.

Auf diese Weise werden alle Zielkriterien mit einer klassifizierenden
Nummer gekennzeichnet. Durch das Hinzufügen einer fortlaufenden Zahl
je Klassifizierungsnummer kann jedes Zielkriterium identifiziert werden.
Somit ergibt sich die in Abbildung 6.14 dargestellte Zuordnung der
Nummer eines Bewertungsmerkmales zu den Zielen des Zielsystems.

Diese Vorgehensweise gewährt neben der Möglichkeit einer problemlosen
Aufnahme weiterer Kriterien durch eine eindeutige Identifizierung jedes
Zielkriteriums die Übersichtlichkeit des Kataloges. Hierbei werden die
Zielkriterien gemäß ihres klassifizierenden Nummernteils zu einzelnen
Kapiteln zusammengefaßt und dort nach aufsteigender Identifizierungs-
nummer aufgelistet. Eine vollständige Darstellung des Kataloges sowie
der dazugehörigen Erläuterungen der Kriterien und ihrer Ausprägungen

findet sich bei BREER, SENT (1988, S. 135 ff.).

| Ziele | Nummer der Merkmale |
|---|---|
| Technische Merkmale | 1.1.1 – 1.1.4 |
| Gestaltungsmerkmale | 1.2.1 – 1.2.2 |
| Systemsoftware | 2.0.1 – 2.0.5 |
| Prognoserechnung | 3.1.1 – 3.1.4 |
| Grobplanung | 3.2.1 – 3.2.7 |
| Vorlaufsteuerung | 3.3.1 – 3.3.3 |
| Auftragsverwaltung | 3.4.1 – 3.4.3 |
| Prioritätsvergabe | 4.1.1 – 4.1.5 |
| Durchlaufterminierung | 4.2.1 – 4.2.6 |
| Kapazitätsbedarfsbestimmung | 4.3.1 – 4.3.5 |
| Kapazitätsangebotsermittlung | 4.4.1 – 4.4.7 |
| Kapazitätsabstimmung | 4.5.1 – 4.5.7 |
| Reihenfolgeplanung | 4.6.1 – 4.6.3 |
| Materialbedarfsbestimmung | 5.1.1 – 5.1.8 |
| Materialbeschaffungsrechnung | 5.2.1 – 5.2.6 |
| Materialreservierung | 5.3.1 – 5.3.4 |
| Materialbestandsführung | 5.4.1 – 5.4.10 |
| Verfügbarkeitsprüfung | 6.1.1 – 6.1.3 |
| Auftragsfreigabe | 6.2.1 – 6.2.4 |
| Arbeitsbelegerstellung | 6.3.1 – 6.3.9 |
| Arbeitsverteilung | 6.4.1 – 6.4.2 |
| Transportsteuerung | 6.5.1 – 6.5.3 |
| Arbeitsfortschrittserfassung | 7.1.1 – 7.1.9 |
| Kapazitätsüberwachung | 7.2.1 – 7.2.6 |
| Auftragsdatenerfassung | 7.3.1 – 7.3.3 |
| Abweichungsbestimmung | 8.1.1 – 8.1.4 |
| Abweichungsursachenermittlung | 8.2.1 – 8.2.5 |
| Schadensanalyse | 9.1.1 – 9.1.5 |
| Schwachstellenbestimmung | 9.2.1 – 9.2.4 |
| Anlagenstammdatenverwaltung | 10.1.1 – 10.1.18 |
| Arbeitsplandatenverwaltung | 10.2.1 – 10.2.9 |
| Auftragsdatenverwaltung | 10.3.1 – 10.3.10 |
| Betriebsmitteldatenverwaltung | 10.4.1 – 10.4.7 |
| Personaldatenverwaltung | 10.5.1 – 10.5.4 |
| Materialstammdatenverwaltung | 10.6.1 – 10.6.4 |
| Historiedatenverwaltung | 10.7.1 – 10.7.9 |
| Schnittstellen zu | |
| Nicht – IPS – Funktionen | 11.0.1 – 11.0.16 |
| Bedienungsfreundlichkeit | 12.0.1 – 12.0.22 |
| Flexibilität | 13.0.1 – 13.0.11 |
| Datenschutz | 14.0.1 – 14.0.6 |
| Datensicherung | 15.0.1 – 15.0.4 |
| Programmerfahrungen | 16.1.1 – 16.1.6 |
| Dienstleistungen | 16.2.1 – 16.2.7 |

Abb. 6.14: Zuordnung der Bewertungsmerkmale zu den Zielen

Die zweite wesentliche Anforderung an den Katalog besteht in einer guten Handhabbarkeit für die Nutzwertanalyse. Die Handhabbarkeit soll insbesondere unter dem Aspekt gesehen werden, daß zur Feinauswahl von IPS-Standardsystemen nicht alle entwickelten Zielkriterien für ein Unternehmen entscheidungsrelevant sind. So schlagen RINZA, SCHMITZ (1977, S. 27) beispielsweise vor, daß eine Feinauswahl zwischen zwei bis vier Alternativen mit 20 bis 100 Kriterien vorgenommen werden sollte.

Es ist also die Möglichkeit vorzusehen, von den 281 ermittelten Bewertungsmerkmalen möglichst effizient diejenigen auszuschließen, die für ein Unternehmen keine Entscheidungsrelevanz besitzen.

Auch dieser Anforderung genügt der entwickelte Katalog durch seinen strukturierten Aufbau. So weisen nämlich die Zusammenstellung der Grobauswahlkriterien (vgl. Kap. 5.1) und die Gliederung der IPS-Merkmale zur Feinauswahl die gleiche Struktur auf. Ergibt sich nun bei der unternehmensspezifischen Formulierung der Grobauswahlkriterien die Tatsache, daß einige Kriterien nicht erforderlich oder gewünscht sind, so können die entsprechenden Feinauswahlkriterien bei der Bewertung unberücksichtigt bleiben. Die Zuordnung der Grobauswahl- zu den entsprechenden Feinauswahlkriterien zeigt Abbildung 6.15.

Ein Beispiel soll die dargestellte Korrespondenz erläutern: Ein Unternehmen legt bei der Auswahl eines IPS-Standardsystems keinen Wert auf die EDV-Unterstützung der Funktionsgruppe Mengenplanung, da es bereits ein EDV-gestütztes Materialwirtschaftssystem besitzt. Aus dieser Überlegung bewertet es bei der Grobauswahl die Merkmale 23 bis 30 (Mengenplanung) und 69 (Materialbestandsverwaltung) mit dem Faktor 0, so daß diese Kriterien nicht mehr zur Gruppenbildung von geeigneten Systemen herangezogen werden (vgl. Kap. 5.2). Zur Feinauswahl zwischen den Systemen der Klasse, die sich durch die Grobauswahl herauskristallisierte, sind dazu die Systemmerkmale der Mengenplanung ebenfalls nicht relevant, d. h. für das vorliegende Beispiel verringert sich der Katalog der Bewertungskriterien um die 28 Merkmale seines fünften Kapitels sowie um weitere vier Merkmale des Kapitels 10.6 "Materialstammdatenverwaltung".

| Laufende Nummer der Grobauswahlkriterien | Laufende Nummer der IPS – Merkmale |
|---|---|
| 1 – 3 | 3.1.1 – 3.1.4 |
| 4 – 5 | 3.2.1 – 3.2.7 |
| 6 – 7 | 3.3.1 – 3.3.3 |
| 8 – 9 | 3.4.1 – 3.4.3 |
| 10 – 11 | 4.1.1 – 4.1.5 |
| 12 – 16 | 4.2.1 – 4.2.6 |
| 17 | 4.3.1 – 4.3.5 |
| 18 | 4.4.1 – 4.4.7 |
| 19 – 21 | 4.5.1 – 4.5.7 |
| 22 | 4.6.1 – 4.6.3 |
| 23 – 24 | 5.1.1 – 5.1.8 |
| 25 – 27 | 5.2.1 – 5.2.6 |
| 28 | 5.3.1 – 5.3.4 |
| 29 – 31 | 5.4.1 – 5.4.10 |
| 32 – 33 | 6.1.1 – 6.1.3 |
| 34 – 35 | 6.2.1 – 6.2.4 |
| 36 – 39 | 6.3.1 – 6.3.9 |
| 40 – 41 | 6.4.1 – 6.4.2 |
| 42 – 45 | 6.5.1 – 6.5.3 |
| 46 – 48 | 7.1.1 – 7.1.9 |
| 49 – 50 | 7.2.1 – 7.2.6 |
| 51 – 52 | 7.3.1 – 7.3.3 |
| 53 | 8.1.1 – 8.1.4 |
| 54 – 55 | 8.2.1 – 8.2.5 |
| 56 | 9.1.1 – 9.1.5 |
| 57 – 58 | 9.2.1 – 9.2.4 |
| 59 – 64 | 10.1.1 – 10.1.18 |
| 65 – 67 | 10.3.1 – 10.3.10 |
| 68 | 10.4.1 – 10.4.7 |
| 69 | 10.5.1 – 10.5.4 |
| 70 | 10.6.1 – 10.6.4 |
| 71 | 10.7.1 – 10.7.9 |

<u>Abb. 6.15</u>: Korrespondenz zwischen den Grob- und Feinauswahlkriterien

Mit der so geschilderten Vorgehensweise kann der Kriterienkatalog in seinem Umfang derart stark reduziert werden, daß eine wirtschaftliche Bewertung unter unternehmensspezifischen Anforderungen mit seiner Hilfe gewährleistet ist.

Die Vorteile des vorgestellten Kriterienkataloges liegen somit zum einen in der umfassenden Zusammenstellung von Ziel- bzw. Bewertungskriterien mit der Möglichkeit zur Reduzierung auf entscheidungsrelevante Kriterien durch die Korrespondenz zu den Grobauswahlkriterien (vgl. Abb. 6.16).

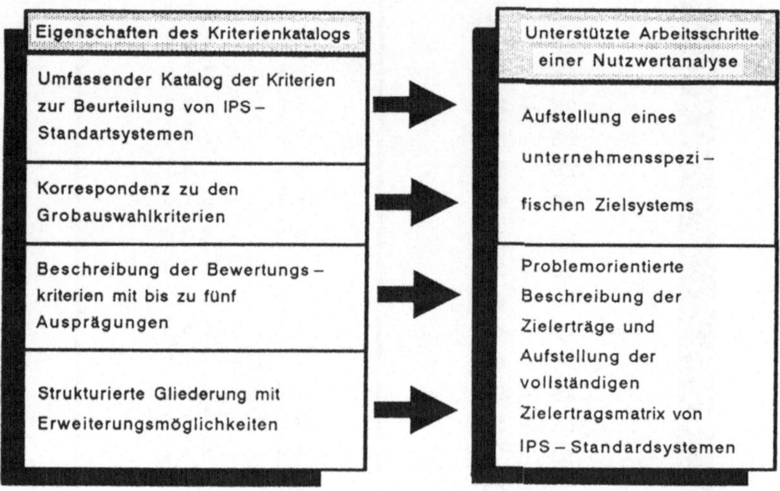


Abb. 6.16:    Bedeutung des Kriterienkataloges für die Nutzwertanalyse

Zum anderen bieten die Merkmalsbeschreibung mit bis zu fünf Ausprägungsstufen sowie die strukturierte Gliederung der Merkmale mit der Möglichkeit zur zielorientierten Erhöhung der Merkmalsanzahl die Gewähr zur problemorientierten Beschreibung der Zielerträge.

Somit stellt der Katalog der Zielkriterien, bzw. Bewertungsmerkmale eine entscheidende Planungshilfe für die Durchführung einer Nutzwertanalyse zur Feinauswahl von IPS-Standardsystemen dar.

Im folgenden sind nun die Planungshilfen abzuleiten, die die für die Nutzwertanalyse erforderliche Bewertung der Zielerträge und die unternehmensspezifische Gewichtung des Zielsystems unterstützen.


## 6.4 Bewertung der Zielerträge

Eine Zusammenfassung der Zielerträge einzelner Alternativen in der Form, daß für jedes System (Alternative) die charakteristische Ausprägungsstufe je Merkmal aufgelistet wird, heißt Zielertragsmatrix (vgl. Abb. 6.17).

| Alter-<br>nativen | Zielerträge | | | | |
| | Bewertungsmerkmale | | | | |
| | 1.1.1 | 1.1.2 | 1.1.3 | 1.1.4 | 1.2.1 |
| 1 | Stufe2 | Stufe3 | Stufe2 | Stufe2 | |
| 2 | Stufe 1 | Stufe 1 | Stufe 1 | Stufe 1 | |
| 3 | Stufe3 | Stufe3 | Stufe2 | Stufe3 | |

<u>Abb. 6.17</u>:   Beispiel für eine Zielertragsmatrix

Die dazu benötigten Daten sind durch eine schriftliche Befragung der einzelnen Systemanbieter aufzunehmen, die das Fähigkeitsprofil ihres IPS-Standardsystems durch eine Zuordnung zu den im Rahmen dieser Arbeit entwickelten Ausprägungen der Zielkriterien beschreiben sollen. Dies kann in Verbindung mit der Aufforderung zur Abgabe eines Angebotes geschehen, um eine objektive Auskunft über die Leistungsfähigkeit der Standardsysteme zu erhalten.


Für die Durchführung einer Nutzwertanalyse zur Feinauswahl von IPS-Standardsystemen ist es unerläßlich, die Zielerträge, und damit die

Ausprägungsstufen jedes Bewertungsmerkmales, zu gewichten. Unter der Vielzahl von unterschiedlichen Skalentypen kommt jedoch nur eine Kardinalskalierung der Zielkriteriengewichte in Frage, da nur diese Skalierung eine einfache Addition der gewichteten Zielkriterien zu Nutzwerten ermöglicht (vgl. ZANGEMEISTER 1976, S. 156 ff.).

Für den vorliegenden Anwendungsfall bedeutet eine Kardinalskalierung die Rangordnung der Ausprägungsstufen eines Merkmals mit einer Darstellung der numerischen Unterschiede (Nutzendistanzen) zwischen den Stufen.

Die ermittelten Zielerträge liegen bislang in einer ordinalen Skalierung, d. h. in einer ungewichteten Rangordnung vor. Es muß somit eine Transformation der Ordinal- in eine Kardinalskalierung erfolgen. Eine geeignete Möglichkeit für diese Umsetzung stellt eine Expertenbewertung dar (vgl. BRIEF 1984, S. 82).

Hierzu wurde der entwickelte Kriterienkatalog mit den Erläuterungen acht unabhängigen Experten aus Praxis und Forschung vorgelegt, die die einzelnen Zielerträge mit einer Punktzahl zwischen 0 und 10 bewerteten. Dabei erhält die höchste, bzw. beste Ausprägungsstufe eines Bewertungsmerkmals den Wert 10 und die keinen Nutzenbeitrag leistende Stufe den Wert 0. Die Punktvergabe für die dazwischen liegenden Ausprägungsstufen ergibt sich aufgrund der persönlichen Einschätzung des jeweiligen Zielertrages durch die Experten.

Die Bewertung der einzelnen Ausprägungsstufen ergab sich durch Bildung des arithmetischen Mittelwertes mit Rundung auf eine Dezimalstelle der einzelnen Expertenwerte. Die Ergebnisse der Befragung sind in den Kriterienkatalog eingearbeitet, ein Beispiel zeigt die Abbildung 6.18. Eine vollständige Darstellung des Kriterienkataloges findet sich bei BREER, SENT 1988, S. 135 ff.).

Mit der Bewertung der Zielerträge ist ein entscheidender Schritt vollzogen von der Ableitung der Zielwert- aus der Zielertragsmatrix. Mit der Substitution der von den einzelnen Standardsystemen erfüllbaren Merkmalsstufen durch die entsprechenden Stufengewichte ergibt sich die Zielwertmatrix, wie beispielhaft in Abbildung 6.19 dargestellt.

| Kriterien | Ausprägungsstufen | | | | |
|---|---|---|---|---|---|
| | 1 | 2 | 3 | 4 | 5 |
| 2.01 Betriebssystem- leistung | 5,0 Einpro- grammbe- trieb | 10 Multipro- grammbe- trieb | | | |
| 2.02 Zusätzliche betriebssy- stemnahe Programme | 5,0 erforder- lich | 10 nicht er- forderlich | | | |
| 2.03 Betriebsart | 4,1 Dialog und Batch alternativ | 7,0 Dialog und Batch gleich- zeitig | 10 Dialog/ Batch wähl- bar | | |
| 2.04 Art der Datenhaltung | 2,3 Einzelda- teien | 5,3 Index- Sequentielle Dateien | 10 Datenbank- system | | |

Abb. 6.18: Ausschnitt aus dem Kriterienkatalog

| Alter- nativen | Zielwerte | | | | |
|---|---|---|---|---|---|
| | Bewertungsmerkmale | | | | |
| | 1.1.1 | 1.1.2 | 1.1.3 | 1.1.4 | 1.2.1 |
| 1 | 4,5 | 6,9 | 1,6 | 1,6 | |
| 2 | 1,8 | 1,4 | 0 | 0 | |
| 3 | 6,6 | 6,9 | 1,6 | 6,8 | |

Abb. 6.19: Beispiel einer Zielwertmatrix

Zur Absicherung und Überprüfung der Expertenbewertungen ist die Reliabilität der Beurteiler  zu untersuchen. In der Literatur finden sich zahlreiche Hinweise, wie für ähnliche Problemstellungen geeignete Verfahren auszuwählen sind (vgl. u.a. LIENERT 1961, S. 210 ff.; MICHEL 1971, S. 36 ff.; SCHNABEL 1975, S. 105 f.; WEGNER 1976, S. 118 ff.). Eine wertvolle Hilfestellung liefern die Arbeiten von PITRA (1982, S. 49 ff.) und BRIEF (1984, S. 86 ff.), die das Verfahren der Konsistenzanalyse zur Prüfung der Beurteilerreliabilität bei der Bewertung von Zielerträgen für die Auswahl von standardmäßigen Grobplanungs-, bzw. PPS-Systemen heranziehen. Beide Autoren schätzen die Beurteilerzuverlässigkeit ab durch die Formel

$$r_N = 1 - M_E/M_O \qquad \text{mit} \qquad\qquad (6.1)$$

$r_N$ = Beurteilerzuverlässigkeit bei N Beurteilern,

$M_E$ = mittleres Quadrat der Fehler und

$M_O$ = mittleres Quadrat der Objekte, im vorliegenden Fall die Zielerträge.

Das mittlere Fehlerquadrat $M_e$ und das mittlere Quadrat der Abweichungen zwischen den Objekten $M_O$ werden mit Hilfe des in Abbildung 6.20 dargestellten Schemas (vgl. PITRA 1982, S. 52) berechnet.

Eine hohe Beurteilerzuverlässigkeit ist erreicht, wenn der Reliabilitätskoeffizient $r_N$ Werte annimmt, die über 0,6 liegen (vgl. LIENERT 1961, S. 241; WEGNER 1976, S. 123). Die Ermittlung der Reliabilitätskoeffizienten geschah mit Hilfe des EDV-Programmes BERELI, das zur Berechnung von Beurteilerreliabilitätskoeffizienten entwickelt wurde und in der Programmbibliothek des Forschungsinstitutes für Rationalisierung eingesehen werden kann. Da alle Bewertungsmerkmale einen größeren Reliabilitätskoeffizienten als 0,6 aufweisen, kann das Ergebnis der Expertenbefragung als gesichert angesehen werden.

| | Beurteiler | Summen |
|---|---|---|
| | 1   2 .... n ... N | $O_k = \sum\limits_{n=1}^{N} x_{kn}$ |
| 1 | $x_{11}$ $x_{12}$ .... $x_{1n}$ ... $x_{1N}$ | $O_1$ |
| **Objekte** k | $x_{k1}$        $x_{kn}$ | $O_k$ |
| K | $x_{K1}$ ..... $x_{KN}$ | $O_K$ |
| $B_n = \sum\limits_{k=1}^{K} x_{kn}$ | $B_1$  $B_2$ ...  $B_n$ ...  $B_N$ | $T = \sum\limits_{n=1}^{N} B_n = \sum\limits_{k=1}^{K} O_k$ |

| Quelle der Variation | Anzahl der Freiheitsgrade | Summe der Quadrate | Mittleres Quadrat |
|---|---|---|---|
| Objekte | $K - 1$ | $S_O = \dfrac{\sum O_k^2}{N} - \dfrac{T^2}{N \cdot K}$ | $M_O = \dfrac{S_O}{(K - 1)}$ |
| Beurteiler | $N - 1$ | $S_B = \dfrac{\sum B_n^2}{K} - \dfrac{T^2}{N \cdot K}$ | $M_B = \dfrac{S_B}{(N - 1)}$ |
| Fehler (Rest) | $(N-1) \cdot (K-1)$ | $S_E = S_T - S_O - S_B$ | $M_E = \dfrac{S_E}{(N-1) \cdot (K-1)}$ |
| Total | $N \cdot K - 1$ | $S_T = \sum\limits_{k} \sum\limits_{n} x_{kn}^2 - \dfrac{T^2}{N \cdot K}$ | |

Abb. 6.20:   Berechnungsschema zur Ermittlung der mittleren Quadrate


## 6.5 Gewichtung des Zielsystems

Die Gewichtung des Zielsystems stellt den entscheidenden Schritt bei
der Durchführung einer Nutzwertanalyse dar , da sie durch die Vergabe
von unterschiedlichen Gewichtungsfaktoren für die Ziele den unterneh-

mensspezifischen Anforderungen an ein Standardsystem Ausdruck verleiht. Diese unternehmensspezifischen Anforderungen variieren naturgemäß sehr stark, deshalb verbietet sich eine Vorgabe konkreter Gewichtungsfaktoren als Planungshilfe.

Vielmehr liegt es im Interesse aller Unternehmen, ein Hilfsmittel zu
erhalten, mit dem die betriebsspezifischen Anforderungen in adäquate
Gewichtungsfaktoren transformiert werden können. Die Aufgabe des
folgenden Kapitels soll es daher sein, ein solches Hilfsmittel zu entwickeln.

### 6.5.1 Aufbau eines Nutzenkataloges

Mit dem Einsatz eines EDV-Systems zur Unterstützung der Instandhaltungsplanung und -steuerung sowie -analyse versprechen sich die poten-
tiellen Anwender eine Vielzahl von Nutzen. Um diese im einzelnen
quantifizieren zu können, ist zunächst eine Strukturierung der unterschiedlichen Nutzen erforderlich.

Den systemabhängigen Nutzen definiert BROCKER (1987, S. 353) als "die
Differenz der direkten + der indirekten Instandhaltungskosten aus der
Zeit vor der Einführung des Systems und der Zeit nach dem Wirksam-
werden aller getroffenen neuen Maßnahmen". Der selbe Autor schränkt
jedoch ein, daß keine zuverlässigen vergleichbaren Daten aus dem früheren Zustand zu erwarten sind und es daher auch nicht möglich ist,
den Gesamtnutzen eines Systems zu ermitteln und in Kosten darzustellen
(vgl. BROCKER 1987, S. 353). Dies gilt besonders unter dem Aspekt, daß
Verbesserungen durch den Einsatz von IPS-Standardsystemen zum Teil
nicht quantifizierbar sind (vgl. BROCKER 1987, S. 354).

Hieraus leitet sich als geeignete Möglichkeit zur Nutzenstrukturierung
die Einteilung in quantifizierbare und nicht quantifizierbare Nutzen ab.
Bei der Formulierung der quantifizierbaren Größen kann auf die Einteilung in direkte und indirekte Instandhaltungskosten nach BROCKER
(1978, S. 45 und 1987, S. 264) zurückgegriffen werden. Unter direkten
Instandhaltungskosten sind nach BROCKER (1978, S. 45 und 1987, S.
264) "der in Geld bewertete Einsatz von Mitteln zur Bewahrung und

Wiederherstellung des Sollzustandes von Sachanlagen in einer Periode"
zu verstehen (BROCKER 1987, S. 264). Sie setzen sich zusammen aus
(vgl. BROCKER 1978, S. 45):

- Lohnkosten (Grundlohn + Prämien + Folgekosten; Werkstatt- und
  übergeordnete Gemeinkosten),
- Materialkosten (reine Materialkosten, Beschaffungs- und Lagerko-
  sten) und
- Fremdkosten (Rechnungsbetrag, Verwaltungs- und anteilige Gemeinkosten).

Zu den indirekten Instandhaltungskosten sind zu rechnen (vgl. BROK-
KER 1978, S. 45 und 1987, S. 264):

- Produktionsausfallkosten (Stillstände, Leistungsabfall, Rohstoffver-
  luste),
- Wertminderung (verkürzte Lebensdauer, Eigenwertverlust, höhere
  Instandhaltungskosten) und
- Entwicklungsrückstand (Leistungsminderung, Instandhaltungsintensi-
  vierung, vorzeitiger Verschleiß).

Die Nutzenpotentiale bestehen dann in der Reduzierung der angeführten
Kosten.

Die nicht quantifizierbaren Nutzenpotentiale sind insbesondere in der
Verbesserung der Instandhaltungsorganisation zu finden (vgl. BROCKER
1987, S. 352 f.). Da die Konzepte der IPS-Standardsysteme darauf aus-
gelegt sind, die Planung und Steuerung sowie die Analyse und das Informationswesen der Instandhaltung mit Hilfe der EDV zu unterstützen
(vgl. Kap. 2.3), ist es sinnvoll, eine Gliederung der Nutzenpotentiale
besonders unter diesen Aspekten vorzunehmen. Somit ergibt sich eine
Gliederung der nicht quantifizierbaren Nutzenpotentiale in die Verbesserung
  - der Planungs- und Steuerungsqualität,
  - des Informationswesens sowie
  - sonstiger Organisationsmerkmale.

Zur Überprüfung der so abgeleiteten Struktur der Nutzenpotentiale ist zu untersuchen, in wieweit sie mit Publikationen über konkret erzielte Verbesserungen durch den Einsatz eines IPS-Standardsystems übereinstimmt. Die Ergebnisse dieser Recherche zeigen die Abbildungen 6.21 und 6.22. Hierbei sind die von den einzelnen Autoren quantifizierten Nutzen durch Angabe des genannten Zahlenwertes besonders gekennzeichnet.

| Autoren (Anwender) | | Reduzierung der direkten IH – Kosten | | Reduzierung der indirekten IH – Kosten | | zusätzliche nicht quantifizierbare Nutzen | | | | | |
|---|---|---|---|---|---|---|---|---|---|---|---|
| | | Lohn-kosten | Material-kosten | Produktions-ausfallkosten | Wert-minderung | Flexibilität | Aktualität | Transparenz | Bessere Pla-nungsqualität | Verringerung der Routinetätigkeiten | Sonstige |
| BÖTTCHER | 1980 | | | | | | | ■ | | | |
| HANNAK, GIESLER | 1981 | ■ | ■ | | | | | ■ | ■ | ■ | |
| BÖTTCHER | 1983 | ■ | | ■ | ■ | | ■ | | | | ■ |
| LAAK | 1983 | | | ■ | ■ | | | | | | |
| N N | 1984 | | ■ | | | | | | | | |
| SCHIRMACHER, SCHMUTZER | 1984 | | | | | | | ■ | | | |
| HOFFELNER | 1985 | | | | ■ | | | | | | |
| RASCHKE, SCHAUFLER, ECKMANN | 1985 | bis zu 27.5% | | | | | | ■ | ■ | | |
| SCHEIFINGER | 1985 | ■ | | | | ■ | | ■ | ■ | | |
| SCHULZE – HEIL, DINKLA, BOHM | 1985 | | | ■ | ■ | | | ■ | ■ | | |
| WANZLIK | 1985 | 20 – 30% | | ■ | ■ | | | | ■ | | |
| BAUERNFEIND | 1986 | | | | | | ■ | ■ | ■ | ■ | |
| GIESEBRECHT | 1986 | ■ | ■ | ■ | ■ | | | ■ | ■ | | |
| LAAK | 1986 | | | ■ | | | | | | | |
| MARTTIO | 1986 | ■ | ■ | | | | | | | | |
| TAUBERT | 1986 | | | | | ■ | | ■ | | | |

<u>Abb. 6.21</u>:  Auflistung von erzielbaren Nutzen durch EDV-Anwender

| Gruppe | Autoren | | Reduzierung der direkten IH-Kosten | | Reduzierung der indirekten IH-Kosten | | zusätzliche nicht quantifizierbare Nutzen | | | | | |
|---|---|---|---|---|---|---|---|---|---|---|---|---|
| | | | Lohn-kosten | Material-kosten | Produktions-ausfallkosten | Wert-minderung | Flexibilität | Aktualität | Transparenz | Bessere Planungsqualität | Verringerung der Routinetätigkeiten | Sonstige |
| Anbieter | KERL, JANISCH | 1981 | | | | | | | ■ | | | |
| Anbieter | ENSCORE, BURNS | 1983 | ■ | | | | ■ | ■ | | ■ | ■ | |
| Anbieter | GUTTROPF, MÜLLER | 1983 | | | ■ | | | | | | | ■ |
| Anbieter | N N | 1983 | | ■ | | | | | | | | |
| Anbieter | BAUERNFEIND | 1984 | bis zu 25% / 20-30% | | ■ | 1,5% | | | ■ | ■ | | ■ |
| Anbieter | GREINER | 1985 | ■ | ■ | ■ | ■ | | | ■ | ■ | ■ | |
| Anbieter | POESTGES (a) | 1986 | bis 40% | 20-30% | | bis 10% | | | ■ | | | |
| Anbieter | POESTGES (b) | 1986 | bis 40% | 20-30% | | 5 - 10% | | | | | | |
| Anbieter | SALIS | 1986 | ■ | | | ■ | | | | | | |
| Berater | RECHMANN | 1984 | | | bis 15% | ■ | | | | | | |
| Berater | SEILER, WIEDERHOLD | 1984 | bis zu 15% | | | | | | ■ | ■ | | ■ |
| Berater | SMIT | 1984 | bis 25% | 5 - 60% | ■ | | | | | | | |
| Berater | KÖHLER | 1985 | ■ | | | | ■ | | ■ | ■ | | |
| Wissenschaftler | MANN, COATES | 1980 | ■ | ■ | | | ■ | ■ | | ■ | ■ | |
| Wissenschaftler | STOCK | 1981 | | | | ■ | | | | | | |
| Wissenschaftler | REENTS | 1983 | ■ | | ■ | | | | | | | |
| Wissenschaftler | BOSE | 1984 | ■ | ■ | | ■ | | | | ■ | | |
| Wissenschaftler | BIEDERMANN | 1986 | ■ | ■ | | ■ | | | | | | |
| Wissenschaftler | HACKSTEIN, SENT | 1987 | ■ | ■ | | | | | | | | |

<u>Abb. 6.22</u>:  Auflistung von erzielbaren Nutzen durch EDV-Anbieter, Berater und Wissenschaftler

Die Angaben der untersuchten Beiträge zu den quantifizierbaren Nutzen durch Reduzierung der direkten Instandhaltungskosten beziehen sich lediglich auf die Lohn- und Materialkosten, während die Fremdkosten unberücksichtigt bleiben.

Ebenso erwähnen alle Publikationen bei der Nutzenerzielung durch Reduzierung der indirekten Instandhaltungskosten nur die Produktionsausfallkosten und die Wertminderung, der Entwicklungsrückstand findet keine Berücksichtigung.

Als zusätzliche nicht quantifizierbare Nutzen werden die Erhöhung der Flexibilität, Aktualität und Transparenz der Planungs- und Steuerungsmaßnahmen sowie eine verbesserte Planungsqualität als auch eine Reduzierung von Routinetätigkeiten genannt. Unter den sonstigen nicht quantifizierbaren Nutzen sind die Verbesserungen in der Steuerung und Kontrolle, der Arbeitssicherheit sowie der Unabhängigkeit vom personenbezogenen Fachwissen zusammengefaßt.

Die hier geschilderten Ansätze aus der Literatur bestätigen die gewählte Einteilung in quantifizierbare und nicht quantifizierbare Nutzenpotentiale. Allerdings können sie aber nicht mehr als Hinweise zur Erstellung eines Kataloges möglicher Nutzenpotentiale liefern, da eine Unterteilung in die zehn genannten, unterschiedlichen Nutzenarten der Anforderung nicht genügt, die EDV-gestützten Instandhaltungsfunktionen, die den entsprechenden Nutzen hervorrufen, mit unternehmensspezifischen Gewichtungsfaktoren zu bewerten. Zudem ist anzumerken, daß die aufgeführten Nutzen das Spektrum aller zu erzielender Vorteile durch den EDV-Einsatz bei weitem nicht ausschöpfen.

Aus diesen Gründen wird im folgenden ein Nutzenkatalog vorgestellt, der unter Berücksichtigung der entwickelten Gliederung eine umfassende Zusammenstellung der erzielbaren Nutzen aufweist. Den grundsätzlichen Aufbau mit der Zuordnung von Nutzenpotentialen zu den einzelnen Kapiteln des Kataloges zeigt die Abbildung 6.23.

Bei der Formulierung der quantifizierbaren Größen wurde auf die Einteilung in direkte und indirekte Instandhaltungskosten nach BROCKER (1978, S. 45 und 1987, S. 264) zurückgegriffen. Allerdings erfolgt bei

| Nutzenpotentiale | | | Kapitel |
|---|---|---|:---:|
| **Reduzierung** | der direkten Instandhaltungskosten | Lohnkosten | 1 |
| | | Materialkosten | 2 |
| | der indirekten Instandhaltungskosten | Produktions- ausfallkosten | 3 |
| | | Wertminderung | 4 |
| **Verbesserung** | nicht quantifizierbarer Einflußgrößen | Planungs- und Steuerungsqualität | 5 |
| | | Informationswesen | 6 |
| | | Organisation | 7 |

<u>Abb. 6.23</u>:    Struktur des Nutzenkataloges

den direkten Instandhaltungskosten keine gesonderte Ausweisung der Kosten für Fremdvergabe, da diese wie die Kosten für Eigenfertigung auch in Lohn- und Materialkosten aufgeteilt werden können. Die indirekten Instandhaltungskosten splitten sich in Kosten der Produktionsausfälle und Wertminderung. Die von BROCKER (1978, S. 45 und 1987, S. 264) definierten Kosten durch einen Entwicklungsrückstand sind schwer quantifizierbar, deshalb wird der durch ihre Reduzierung erzielte Nutzen dem durch die Verbesserung des Informationswesens gewonnenen Nutzen zugerechnet.

Die nicht quantifizierbaren Nutzenpotentiale gliedern sich in die Verbesserung

- der Planungs- und Steuerungsqualität,
- des Informationswesens sowie
- der sonstigen Organisationsmerkmale.

Den geschilderten sieben Nutzenpotentialen sind insgesamt 33 erzielbare Einzelnutzen zugeordnet. Diese Einzelnutzen leiten sich sachlogisch aus Maßnahmen ab, die durch den Einsatz eines IPS-Standardsystems ermöglicht werden. Abbildung 6.24 zeigt den Aufbau des Nutzenkataloges exemplarisch am Beispiel der Nutzenerzielung durch Reduzierung der Lohnkosten. Der gesamte Katalog ist in Anhang 11.1 dargestellt.

Die sachlogische Ermittlung der Nutzen und Maßnahmen soll anhand eines Beispieles erläutert werden. So ist beispielsweise eine Reduzierung der direkten Instandhaltungskosten über eine Verringerung der Lohnkosten zu erzielen. Zu den Nutzen, die zur Lohnkostensenkung beitragen, gehören u. a.

- Senkung des Unfallrisikos,
- Steigerung der Motivation,
- Senkung der Fluktuation,
- Steigerung der Produktivität der Mitarbeiter und
- Erhöhung der Flexibilität des Mitarbeitereinsatzes.

Durch die Senkung der Unfallzahlen innerhalb der Instandhaltung entfallen Kosten für Krankengeld, Lohnfortzahlung, Anlernen der Ersatzarbeitskräfte, Aufträge für Fremdpersonal, usw..

Eine Senkung des Unfallrisikos ist beispielsweise durch eine Vielzahl von Maßnahmen, die durch eine effektive Instandhaltungsplanung und-steuerung initiiert werden, zu erzielen. So führt z. B. eine hohe Anzahl von geplanten Instandhaltungsaktivitäten zu einer Reduzierung der Störfälle an den von der Instandhaltung zu betreuenden Maschinen und Anlagen. Aber gerade die un- oder schlecht geplanten adhoc-Maßnahmen zur Behebung von Störfällen tragen ein hohes Unfallrisiko (vgl. WARNECKE, UETZ 1979, S. 528; RAUSCHHOFER 1981, S. 739; DECLAIR 1982, S. 25).

Sind diese Gefährdungen und die abgeleiteten Sicherheitsmaßnahmen und Schutzeinrichtungen bekannt, können aufgrund einer angepaßten Auftrags- sowie Datenverwaltung für zukünftige Arbeiten wertvolle Hinweise gewonnen werden, um das Unfallrisiko zu senken. Entsprechend sind die übrigen Nutzen und Maßnahmen zusammengestellt worden.

Der Aufbau des Nutzenkataloges ist derart gestaltet, daß eventuell bislang nicht berücksichtigte Vorteile eines EDV-Einsatzes jederzeit ergänzt werden können. Keine Berücksichtigung finden Nutzenarten, die auch durch den Einsatz eines EDV-Systems, das nicht der Unterstützung der Instandhaltungsplanung und -steuerung dient, zu erzielen sind, beispielsweise die Imageverbesserung des Unternehmens oder die grundsätz-

### Nutzenpotentiale durch EDV–Unterstützung der IPS

**Reduzierung der direkten Instandhaltungskosten**

1. Lohnkosten

| Nutzen | Maßnahmen |
|---|---|
| **1.1.** Senkung des Unfallrisikos | a) Reduzierung der Störfälle<br>b) bessere Information über Sicherheitsmaßnahmen und Schutzeinrichtungen<br>c) Reduzierung der improvisiert ausgeführten Maßnahmen<br>d) Systematische Arbeitsplatzgestaltung |
| **1.2.** Steigerung der Motivation | a) Reduzierung der Routinetätigkeiten<br>b) qualifikationsorientierte Arbeitsverteilung<br>c) bessere Anleitung und Vorbereitung<br>d) verstärkte Einbeziehung der Handwerker in die Planung<br>e) geringere Wartezeiten und Stillstände durch Dispositionsfehler<br>f) mehr individuelle Dispositionsmöglichkeiten und Handlungsspielräume |
| **1.3.** Senkung der Fluktuation | a) qualifikationsgerechter Einsatz<br>b) Reduzierung von Routinearbeiten<br>c) Reduzierung von Überstunden, gleichmäßigere Arbeitsverteilung<br>d) Möglichkeiten zur Weiterqualifikation |
| **1.4.** Steigerung der Produktivität | a) detailliertere Arbeitsbeschreibung<br>b) fehlerfreie, realitätsbezogene Planungsdaten<br>c) bessere Anleitung und Vorbereitung<br>d) Einbeziehung von mehr Erfahrungswerten in den Planungsprozeß<br>e) qualifikationsgerechte Arbeitszuweisung<br>f) verstärkte Kontrolle und kurzfristige Reaktionsfähigkeit auf Abweichungen |
| **1.5** Erhöhung der Flexibilität des Mitarbeiter–einsatzes | a) bessere Anleitung der Handwerker<br>b) umfangreichere Vorbereitung der Maßnahmen<br>c) qualifikationsorientierte Arbeitsverteilung<br>d) kurzfristige Reaktionsfähigkeit der Arbeitsverteilung<br>e) verminderte Personenbindung |

Abb. 6.24: Nutzen durch Reduzierung der Lohnkosten

liche Mitarbeiterakzeptanz der EDV durch eine Pilotanwendung in der Instandhaltung.


## 6.5.2 Anwendung des Nutzenkataloges

Mit der Entwicklung des Nutzenkataloges steht eine Planungshilfe zur Gewichtung des Zielsystems für die Nutzwertanalyse zur Feinauswahl eines IPS-Standardsystems zur Verfügung. Der zukünftige Anwender benötigt jedoch zusätzlich eine Anleitung zur Bestimmung der IPS-Funktionen, die zu dem von ihm geforderten Nutzen führen (vgl. Abb. 6.25).

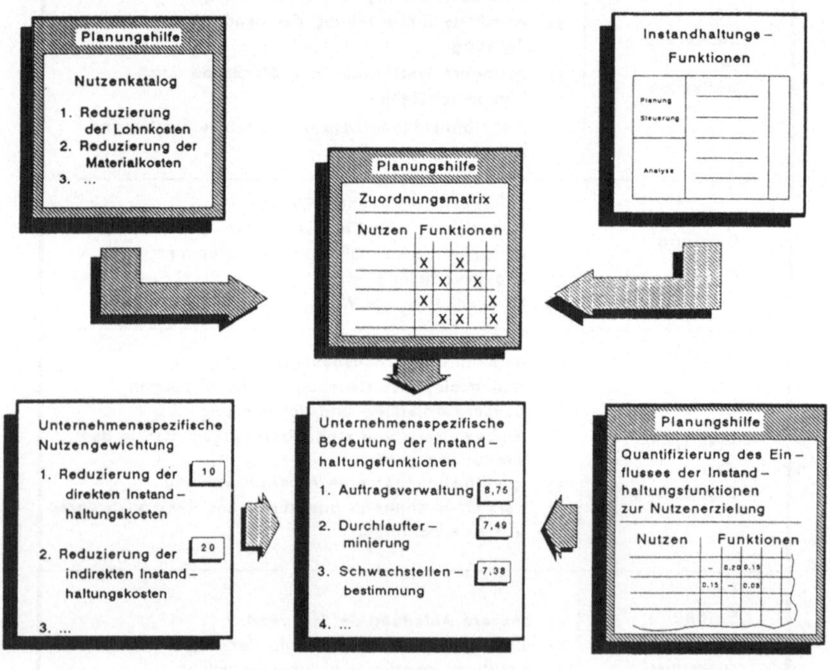


Abb. 6.25: Ableitung der unternehmensspezifischen Bedeutung der IPS-Funktionen aus dem Nutzenkatalog

Als mögliche Darstellungsweise, die die Zuordnung von IPS-Funktionen zu einzelnen Nutzen übersichtlich veranschaulicht, bietet sich die Matrixform an. In einer sogenannten Zuordnungsmatrix sind für jeden Nutzen diejenigen Funktionen der Instandhaltungsplanung, -steuerung sowie -analyse gekennzeichnet, die aus sachlogischen Überlegungen für die Nutzenerzielung verantwortlich zeichnen. Abbildung 6.26 zeigt beispielhaft die Zuordnung der Instandhaltungsfunktionen zu den Nutzen, die eine Reduzierung der Lohnkosten bewirken; die vollständige Matrix kann im Anhang 11.2 eingesehen werden.

Ein Beispiel soll die sachlogische Zuordnung der Instandhaltungsplanungs- und -steuerungsfunktionen zu den Nutzen erläutern:

Zur Senkung der direkten Instandhaltungskosten trägt u. a. die Reduzierung der Lohnkosten bei, die wiederum neben anderen Maßnahmen über eine Senkung des Unfallrisikos zu erzielen ist. Eine Möglichkeit, die Unfallgefahr für den Instandhalter zu beseitigen, besteht in der Reduzierung der Störfälle (Maßnahme 1.1.a) der zu betreuenden Maschinen und Anlagen (vgl. Kap. 6.5.1). Hierzu leisten folgende Funktionen der Instandhaltungsplanung, -steuerung und -analyse wertvolle Hilfestellungen:

Nach der Durchführung von durch Störfällen veranlaßten Instandhaltungsmaßnahmen können Hinweise auf Unfallgefahren oder auch Gründe und Ausprägungen des die Störung verursachenden Schadens, dessen Behebung ein hohes Unfallrisiko birgt, durch die Auftragsdatenerfassung dokumentiert werden. Eine sich anschließende Schadensanalyse und Schwachstellenbestimmung eröffnet die Möglichkeit, die Störungsursache zu ermitteln und entsprechende Gegenmaßnahmen, z. B. konstruktive Änderungen oder Einsatz einer vorbeugenden Instandhaltungsstrategie, einzuleiten. Die Änderung der Strategie oder des Instandhaltungszyklus werden in der Auftragsverwaltung und in der Prioritätsvergabe berücksichtigt, wobei letztere als entscheidende Einflußgröße die Unfallgefahr haben kann.

Analog zu dem geschilderten Beispiel sind sämtliche IPS-Funktionen auf ihre Bedeutung zur Erreichung der definierten Nutzen untersucht und zugeordnet worden.

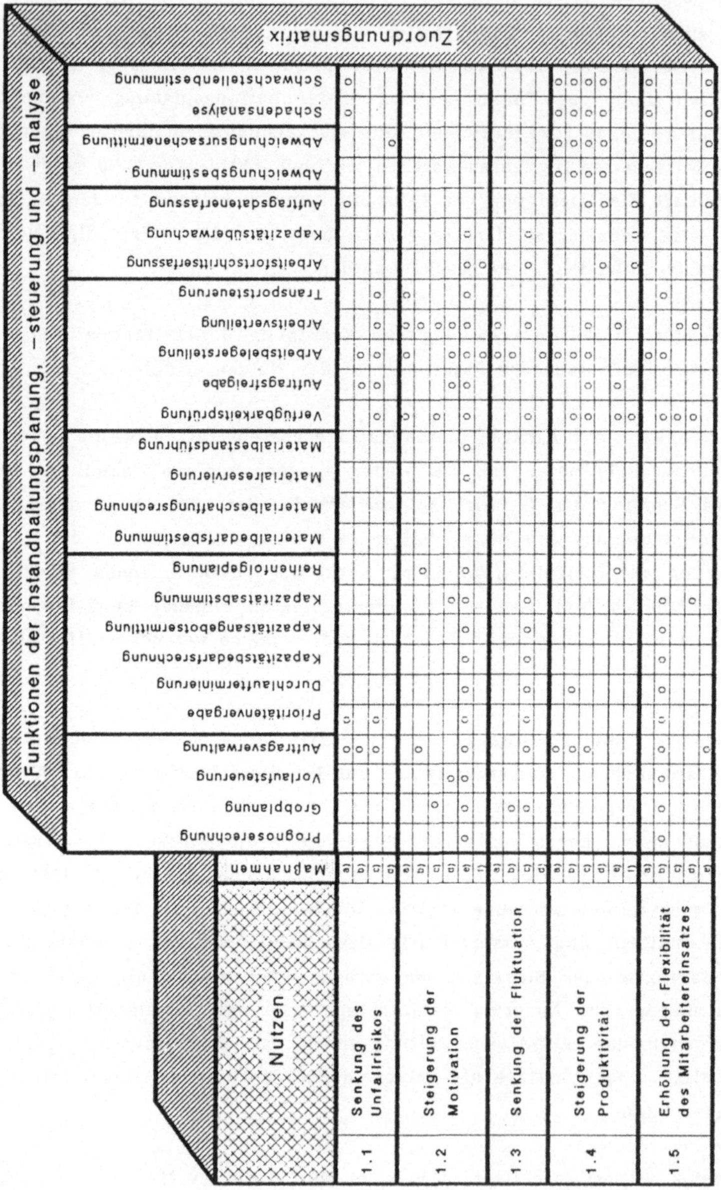

**Abb. 6.26**: Ausschnitt aus der Zuordnungsmatrix

Bei der Anwendung der Zuordnungsmatrix zur Definition von Gewichtungsfaktoren sind jedoch noch zwei weitere Aspekte zu betrachten. Zum einen muß die Frage beantwortet werden, ob alle Funktionen denselben Einfluß auf die Nutzenerreichung ausüben, oder ob bestimmte Funktionen einen höheren Einfluß besitzen. Zum anderen muß eine Möglichkeit für die Unternehmen geschaffen werden, eine Differenzierung der für sie relevanten Nutzen quantifizieren zu können.

Zur Beantwortung der Frage nach dem jeweiligen Funktionseinfluß wurde ein zehnköpfiges Expertenteam aus Wissenschaft und Praxis gebildet. Diesem Team wurde die Zuordnungsmatrix vorgelegt und jedes Mitglied unabhängig von den anderen Experten nach der Höhe des Einflusses der Funktionen der Instandhaltungsplanung, -steuerung und -analyse auf die Nutzenerreichung befragt. Als einzige Vorgabe lag hierbei zugrunde, daß die Summe der quantifizierten Einflußnahme über alle Funktionen je Nutzen den Wert 1 nicht überschreiten soll. In Abbildung 6.27 sind die Ergebnisse der Umfrage, ermittelt über eine arithmetische Mittelwertbildung der Einzelmeinungen und auf Reliabilität (vgl. Kap. 6.4) überprüft, für die Nutzen, die zur Reduzierung der Lohnkosten beitragen, beispielhaft dargestellt. Die Gesamtbetrachtung für alle Nutzen befindet sich im Anhang 11.3.

Wie bereits angesprochen, ist nicht davon auszugehen, daß in jedem Unternehmen die Nutzen den gleichen Einfluß besitzen, als beispielsweise eine Reduzierung der Lohnkosten den gleichen Anteil zum Gesamtnutzen beiträgt wie etwa die Verbesserung der Organisation.

Auch für die Einzelnutzen verbietet sich durch die Divergenz der unternehmensspezifischen Randbedingungen eine definierte Quantifizierung des Einzelnutzenanteils am Nutzen. Deshalb muß an dieser Stelle für die Unternehmen die Möglichkeit geschaffen werden, ihre unterschiedliche Nutzeneinschätzung zu formulieren und in die Bewertung der Instandhaltungsplanungs-, -steuerungs- und -analysefunktionen einfließen zu lassen. Dies ist in der Transformationsmatrix berücksichtigt durch mit der Bezeichnung "Gewicht" gekennzeichnete Felder, die zur unternehmensspezifischen Gewichtung der jeweiligen Nutzen dienen (vgl, Abb. 6.27).

**1. Reduzierung der Lohnkosten**

Funktionen der Instandhaltungsplanung, -steuerung und -analyse

Transformationsmatrix

| Nutzen | Gewicht | Prognoserechnung | Grobplanung | Vorlaufsteuerung | Auftragsverwaltung | Prioritätsvergabe | Durchlaufterminierung | Kapazitätsbedarfsrechnung | Kapazitätsangebotsermittlung | Kapazitätsabstimmung |
|---|---|---|---|---|---|---|---|---|---|---|
| Senkung des Unfallrisikos | | | | | 0,20 | 0,13 | | | | |
| Steigerung der Motivation | | 0,03 | 0,06 | 0,06 | 0,06 | 0,03 | 0,03 | 0,03 | 0,03 | 0,06 |
| Senkung der Fluktuation | | | 0,13 | | 0,06 | 0,06 | 0,06 | 0,06 | 0,06 | 0,06 |
| Steigerung der Produktivität | | | | | 0,08 | | 0,02 | | | |
| Erhöhung der Flexibilität des Mitarbeitereinsatzes | | | 0,04 | 0,04 | 0,07 | 0,04 | 0,04 | 0,04 | 0,04 | 0,07 |

| Nutzen | Reihenfolgeplanung | Materialbedarfsbestimmung | Materialbeschaffungsrechnung | Materialreservierung | Materialbestandsführung | Verfügbarkeitsprüfung | Auftragsfreigabe | Arbeitsbelegerstellung | Arbeitsverteilung |
|---|---|---|---|---|---|---|---|---|---|
| Senkung des Unfallrisikos | | | | | | 0,07 | 0,13 | 0,13 | 0,07 |
| Steigerung der Motivation | 0,06 | | | 0,03 | 0,03 | 0,08 | 0,06 | 0,11 | 0,14 |
| Senkung der Fluktuation | | | | | | 0,06 | | 0,19 | 0,13 |
| Steigerung der Produktivität | 0,02 | | | | | 0,11 | 0,05 | 0,08 | 0,05 |
| Erhöhung der Flexibilität des Mitarbeitereinsatzes | | | | | | 0,11 | | 0,07 | 0,07 |

| Nutzen | Transportsteuerung | Arbeitsfortschrittserfassung | Kapazitätsüberwachung | Auftragsdatenerfassung | Abweichungsbestimmung | Abweichungsursachenermittlung | Schadensanalyse | Schwachstellenbestimmung |
|---|---|---|---|---|---|---|---|---|
| Senkung des Unfallrisikos | 0,07 | | | | | 0,07 | 0,07 | 0,07 |
| Steigerung der Motivation | 0,06 | 0,03 | 0,03 | | | | | |
| Senkung der Fluktuation | | 0,06 | 0,06 | | | | | |
| Steigerung der Produktivität | | 0,05 | 0,02 | 0,08 | 0,11 | 0,11 | 0,11 | 0,11 |
| Erhöhung der Flexibilität des Mitarbeitereinsatzes | 0,04 | | | 0,04 | 0,07 | 0,07 | 0,07 | 0,07 |

Abb. 6.27: Höhe der Einflußnahme der Einzelfunktionen auf den Nutzen der Lohnkostenreduzierung

Zur unternehmensspezifischen Nutzung der Transformationsmatrix ist wie folgt vorzugehen (vgl. Abb. 6.28):

1. Bewertung aller Nutzenpotentiale
2. Bewertung der Einzelnutzen je Potential
3. Berechnung der unternehmensspezifischen Funktionseinflußwerte je Nutzen
4. Addition der unternehmensspezifischen Funktionseinflußwerte über alle Nutzenpotentiale.

Als Ergebnis dieser Vorgehensweise liegt eine Bewertung jeder Instandhaltungsplanungs-, -steuerungs- und -analysefunktion zur unternehmensspezifischen Nutzenerreichung vor. Werden die Funktionen nach abnehmenden Funktionseinflußwerten geordnet, entsteht eine Rangreihe der Funktionen, die unter unternehmensspezifischen Aspekten die größte Nutzenerreichung gewährleisten. Aufbauend auf diese Rangreihe kann der zukünftige EDV-Anwender im Rahmen der Nutzwertanalyse zur Feinauswahl von IPS-Standardsystemen seine unternehmensspezifischen Gewichtungsfaktoren für das Unterziel "IPS-Merkmale" (vgl. Kap. 6.2.2.1.2) vergeben.

Der entscheidende Vorteil liegt beim Einsatz der Planungshilfen Nutzenkatalog und Transformationsmatrix in der Tatsache, daß nicht ein IPS-Standardsystem ausgewählt wird, das einen hohen, aber unbestimmten Nutzen besitzt. Vielmehr können mittels dieser Planungshilfen Systeme selektiert werden, die am besten geeignet sind, einen unternehmensspezifisch definierten Nutzen zu erbringen. Somit ist es beispielsweise auch möglich, ein System unter dem besonderen Gesichtspunkt der Vorteilhaftigkeit für die Arbeitssicherheit der Instandhalter auszuwählen.

An dieser Stelle muß jedoch auch auf die Tatsache hingewiesen werden, daß die Planungshilfen Nutzenkatalog und Transformationsmatrix nur dazu beitragen können, Gewichtungsfaktoren für die IPS-Merkmale zu bestimmen. Die Gewichtung der weiteren zur Durchführung der Nutzwertanalyse relevanten Ziele, wie z. B. Hardware oder Systemflexibilität, wird nicht durch entsprechende Planungshilfen unterstützt.

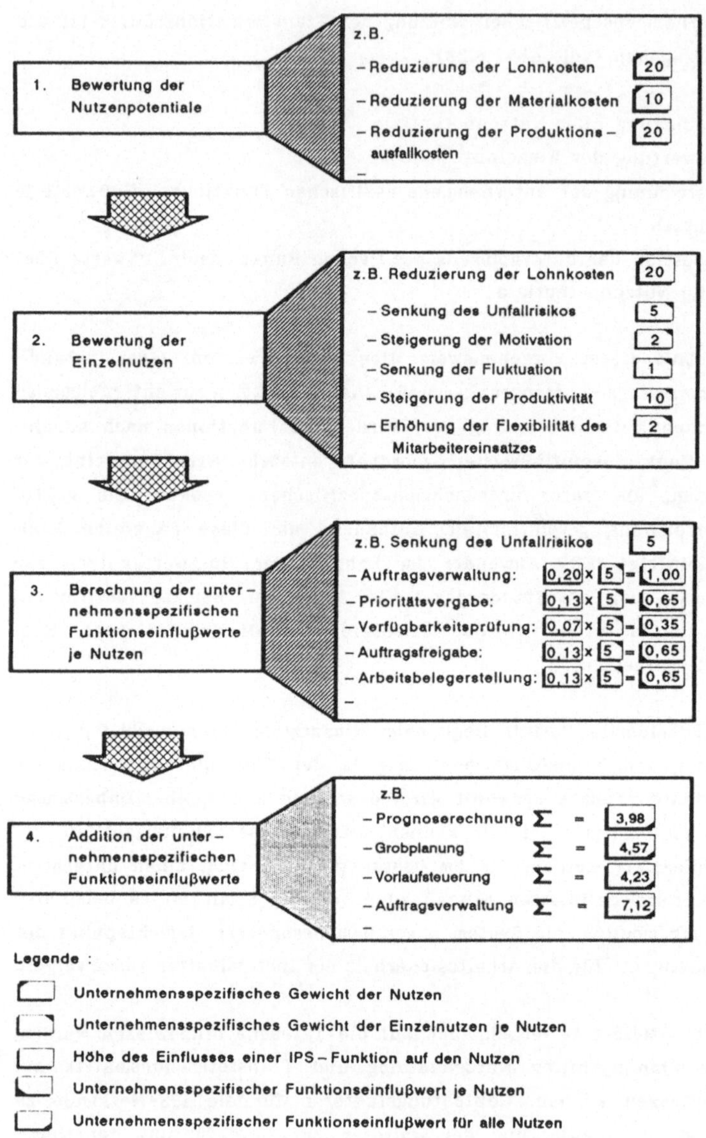


<u>Abb. 6.28</u>: Vorgehensweise zur Ermittlung von unternehmensspezifischen Funktionseinflußwerten

Der Einsatz aller im Verlauf der vorliegenden Arbeit geschilderten Planungshilfen sowohl zur Grob- als auch zur Feinauswahl leisten einem zukünftigen EDV-Anwender wertvolle Hilfestellungen zur Ermittlung eines anforderungsgerechten IPS-Standardsystems.

Die Praktikabilität und Effizienz (vgl. Kap. 4.2.2) der Planungshilfen sollen im folgenden Kapitel anhand eines Praxisbeispiels nachgewiesen werden.

## 7 Praktische Anwendung des Instrumentariums

Die Praktikabilität und Effizienz der entwickelten Vorgehensweise und des Einsatzes aller im Laufe der Arbeit vorgestellten Planungshilfen zur Auswahl eines anforderungsgerechten IPS-Standardsystems wurde anhand eines Praxistestes für ein konkretes Auswahlverfahren nachgewiesen. Die einzelnen Phasen und Ergebnisse des Projektes werden im folgenden kurz vorgestellt und erläutert.

### 7.1 Das Unternehmen

Das untersuchte Unternehmen gehört der mineralölverarbeitenden Industrie an. Es beschäftigt ca. 2000 Mitarbeiter, davon ungefähr 350 im Bereich der Instandhaltung. Diese Zahl setzt sich aus ca. 160 Schlossern, 130 Elektro-, Meß-, Steuer- und Regelfachkräften, 30 Bau- und 30 sonstigen Handwerkern zusammen, die in 28 Meistergruppen gegliedert sind. Zusätzlich kommen ungefähr weitere 350 Fremdfirmenmitarbeiter zum Einsatz, die ebenfalls durch die Meister des betrachteten Unternehmens betreut werden müssen.

Das Instandhaltungsbudget beträgt jährlich ca. 80 Millionen DM, die sich zu zwei Dritteln aus Lohn- und zu einem Drittel aus Materialkosten zusammensetzen.

Das Magazin enthält 40.000 Artikel, davon ungefähr 20.000 Ersatzteile von Schrauben bis kompletten Turbinenläufern.

Zur Planung und Steuerung der jährlich etwa 10.000 Instandhaltungsaufträge stehen ungefähr 20 Mitarbeiter der Arbeitsvorbereitung zur Verfügung.

### 7.2 Anwendung des Instrumentariums

Das Unternehmen plant, zur Verbesserung der Effizienz im Instandhaltungsbereich ein EDV-System für die Instandhaltungsplanung und -steuerung sowie -analyse einzusetzen. Da von einer Eigenprogrammierung der notwendigen Software aus termin- und zeitlichen Gründen abgesehen wurde, bestand die Aufgabe in der Auswahl eines anforderungsgerechten IPS-Standardsystems. Hierzu verwendete das Unternehmen die im Laufe dieser Arbeit entwickelten Vorgehensweise und Planungshilfen.

Daraufhin wurde ein Pflichtenheft zur Formulierung der unternehmensspezifischen Anforderungen an ein IPS-Standardsystem erarbeitet, das auf den in Kapitel 5.1 abgeleiteten Grobauswahlkriterien basiert. Der erste Schritt des im Rahmen der vorliegenden Arbeit entwickelten Instrumentariums besteht in der Grobauswahl von auf dem Markt angebotenen IPS-Standardsystemen. Hierzu mußten die in Kapitel 5.1 abgeleiteten Grobauswahlkriterien gemäß ihrer unternehmensspezifischen Relevanz bewertet werden. Die Ergebnisse für das untersuchte Unternehmen zeigen die Abbildungen 7.1 a bis 7.1 d.

| Funktionen | Funktionsausprägung | Gewicht |
|---|---|---|
| Prognose-rechnung | Ermittlung von zyklisch wiederkehrenden Aufträgen | 0,33 |
| | Ermittlung von nicht zyklisch wiederkehrenden Aufträgen | 0,33 |
| | Auftragsbezogene Schätzung der Durchlaufzeit sowie des Bedarfs an Handwerkerqualifikationen, Anzahl Handwerker je Qualifikation, Material und Betriebsmitteln | 0,33 |
| Grobplanung | Grobplanung auf das Basis vorhandener Daten | 0,50 |
| | Aktuelle Einplanung der ausgelösten Aufträge | 0,50 |
| Vorlauf-steuerung | Einbeziehung der Vorlaufabteilungen in die Auftragsabwicklung anhand von Eckterminen | 1,00 |
| Auftrags-verwaltung | Aktuelle Auftragsverwaltung | 1,00 |
| Prioritäten-vergabe | Vergabe von Prioritäten | 0,50 |
| | Überprüfung und Abgleich von vergebenen Prioritäten | 0,50 |
| Durchlauf-terminierung | Verarbeitung von stabförmigen, unverzweigten Terminnetzen | 0,20 |
| | Verarbeitung von einfachen Terminnetzen | 0,20 |
| | Verarbeitung von komplexen Terminnetzen | 0,20 |
| | Terminierung unter Berücksichtigung aktueller Materialbeschaffungszeiten | 0,20 |
| | Terminierung unter Berücksichtigung wechselnder Prioritäten | 0,20 |

<u>Abb. 7.1 a</u>: Unternehmensspezifische Gewichtung der Grobauswahlkriterien

| Funktionen | Funktionsausprägung | Ge-wicht |
|---|---|---|
| Kapazitäts-bedarfs-rechnung | Bestimmung des aktuellen Kapazitätsbedarfs | 1,00 |
| Kapazitäts-angebots-ermittlung | Ermittlung des aktuellen Kapazitätsangebots | 1,00 |
| Kapazitäts-abstimmung | Abgleich von Kapazitätsbedarf und -angebot | 0,33 |
| | Berücksichtigung terminlicher Verknüpfungen von Unteraufträgen | 0,33 |
| | Vorschläge zur Fremdvergabe | 0,33 |
| Reihenfolge-planung | Ermittlung einer optimalen Bearbeitungsreihenfolge | 1,00 |
| Material-bedarfs-bestimmung | Auftragsbezogene Bedarfsbestimmung | 0,50 |
| | Auftragsneutrale Bedarfsbestimmung | 0,50 |
| Materialbe-schaffungs-rechnung | Periodische Beschaffungsrechnung | 1,00 |
| Material-reservierung | Auftragsbezogene Reservierung von Beständen | 1,00 |
| Material-bestands-führung- | Aktuelle Lagerbestandsführung | 0,33 |
| | Aktuelle Bestellbestandsführung | 0,33 |
| | Aktuelle Reservierungsbestandsführung | 0,33 |

Abb. 7.1 b: Unternehmensspezifische Gewichtung der Grobauswahlkrite-rien (Fortsetzung)

| Funktionen | Funktionsausprägung | Ge-wicht |
|---|---|---|
| Verfügbar-keitsprüfung | Auftragsbezogene Überprüfung von Verfügbarkeiten | 0,50 |
| | Arbeitsvorgangsbezogene Überprüfung von Verfügbarkeiten | 0,50 |
| Auftrags-freigabe | Freigabe betriebsinterner Aufträge | 0,50 |
| | Bestellauftragsfreigabe von Fremdvergaben | 0,50 |
| Arbeitsbeleg-erstellung | Belege mit weitgehend pauschalen Angaben | 0,33 |
| | Detaillierte Belege | 0,33 |
| | Bestellschreibung von Fremdvergaben | 0.33 |
| Auftrags-verteilung | Auftragsweise Arbeitsveranlassung | 0,50 |
| | Auftragsfamilienbildung | 0,50 |
| Transport-steuerung | Material- und Betriebsmittelbereitstellung vor Arbeitsbeginn | 0,25 |
| | Material- und Betriebsmittelbereitstellung vor Ort | 0,25 |
| | Material- und Betriebsmittelbereitstellung arbeitsvorgangsbezogen | 0,25 |
| | Material- und Betiebsmittelbereitstellung parallel zur Auftragsabwicklung | 0,25 |
| Auftrags-fortschritts-erfassung | Erfassung von Unterauftragsbeginn- und -fertigmeldungen | 0,50 |
| | Fortschrittsverfolgung nach definierten Arbeitsabschnitten | 0,50 |
| Kapazitäts-überwachung | Beauskunftung der Belastungssituation | 1,00 |

Abb. 7.1 c: Unternehmensspezifische Gewichtung der Grobauswahlkrite-rien (Fortsetzung)

| Funktionen | Funktionsausprägung | Ge-wicht |
|---|---|---|
| Auftragsdaten-erfassung | Pauschale Ist- Datenerfassung | 0,50 |
| | Detaillierte Ist- Datenerfassung | 0,50 |
| Abweichungs-bestimmung | Bestimmung von Planwertabweichungen bei abgeschlossenen Aufträgen | 1,00 |
| Abweichungs-ursachen-ermittlung | Ursachenermittlung aufgrund gravierender Planwertabweichungen | 1,00 |
| Schadensanlyse | Ursachenanalyse von Schäden | 1,00 |
| Schwachstellen-bestimmung | Pauschale, anlagenbezogene Schwachstellenbestimmung | 0,50 |
| | Detaillierte, anlagenübergreifende Schwachstellenbestimmung | 0,50 |
| Anlagen-identifizierung | Anlagenbezogene Identifizierung | 0,50 |
| | Baugruppen- und bauelementbezogene Identifizierung | 0,50 |
| Anlagen-klassifizierung | Gestufte Klassifizierung | 1,00 |
| Anlagendaten-verwaltung | Verwaltung von Kenndaten | 0,33 |
| | Stücklistenverwaltung | 0,33 |
| | Verwaltung von Verwendungsnachweisen | 0,33 |
| Auftrags-datenverwaltung | Verwaltung von zyklisch wiederkehrenden Aufträgen | 0,33 |
| | Verwaltung von nicht zyklisch wiederkehrenden Aufträgen | 0,33 |
| | Statusverwaltung der Auftragsabwicklung | 0,33 |
| Betriebsmittel-datenverwaltung | Verwaltung von Betriebsmittelkapazitäten | 1,00 |
| Personaldaten-verwaltung | Verwaltung von Personalkapazitäten | 1,00 |
| Material-datenverwaltung | Materialbestandsverwaltung | 1,00 |
| Historie-datenverwaltung | Verwaltung von Historiedaten | 1,00 |

<u>Abb. 7.1 d</u>: Unternehmensspezifische Gewichtung der Grobauswahlkriterien (Fortsetzung)

Im Anschluß wurde das mathematische Verfahren zur Klassenbildung durchgeführt. Als Eingangsgrößen fanden die gewichteten Grobauswahlkriterien sowie die in Kapitel 5.2 vorgestellten IPS-Standardsysteme Berücksichtigung. Auf der Basis des Dendrogramms (vgl. Abb. 7.2) als dem Zwischenergebnis wurde die Entscheidung zur Bildung von fünf Klassen getroffen und unter dieser Voraussetzung eine Umgruppierung durchgeführt.

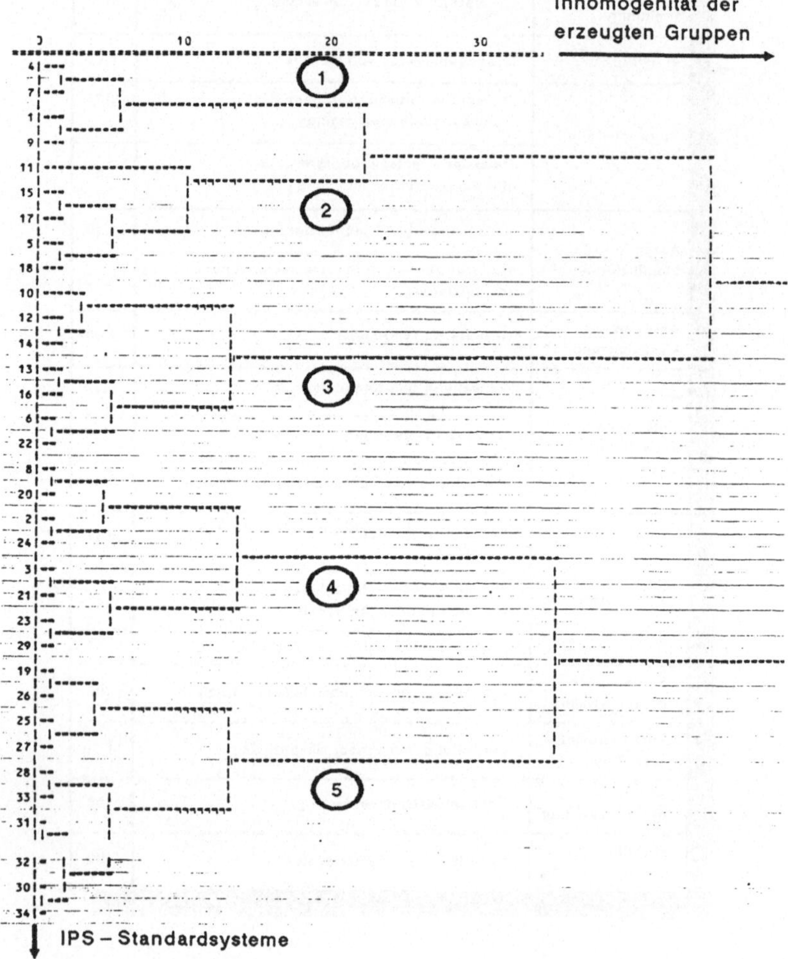


**Abb. 7.2:** Unternehmensspezifisches Dendrogramm

Das Unternehmen definierte keine Festanforderungen für die Ausprägungen der IPS-Merkmale, so daß alle Systemklassen für die weitere Betrachtung zugelassen wurden.

Der Abgleich der fünf ermittelten Klassen mit den unternehmensspezifischen Anforderungen führte zur Auswahl der Klasse "5" als die für die vorliegende Problemstellung am besten geeigneteste (vgl Abb. 7.3).

| Klasse | Systeme | Punktzahl |
|--------|---------|-----------|
| 1 | 4,6,7,23 | 2.06 |
| 2 | 5,8,21,22,27 | 1.35 |
| 3 | 1,9,10,11,12,13,14,15,16,17,18,19 | 3.87 |
| 4 | 2,3,20,24,25,26,30 | 2.62 |
| 5 | 28,29,31,32,33,34,35 | 1.23 |

Abb. 7.3: Unternehmensspezifische Klasseneinteilung mit jeweils erreichter Punktzahl

Vor der Zulassung zur Feinauswahl stand für die Systeme der Klasse "5" die Prüfung auf Erfüllung der K.O.-Kriterien an. Als K.O.-Kriterien formulierte das Unternehmen die Lauffähigkeit der Standardpakete auf Rechnern der mittleren Datentechnik von zwei bestimmten Herstellern sowie eine hohe Anzahl an Programminstallationen in der Bundesrepublik Deutschland.

Aufgrund dieser Kriterien schieden die IPS-Standardsysteme 28, 29, 33 und 34 aus, so daß in der Feinauswahl die Systeme 31, 32 sowie 35 zu untersuchen waren.

Im Anschluß legte das Unternehmen die Gewichtungsfaktoren für die Bewertungskriterien fest.

Unter Einsatz des in Kapitel 6.5 vorgestellten Nutzenkataloges sowie seiner Handhabungsanleitung ergaben sich die in Abbildung 7.4 dargestellten Einflußwerte der IPS-Funktionen.

| Funktionsgruppen | Funktionen | Einfluß-werte |
|---|---|---|
| Instandhaltungs-progammplanung | Prognoserechnung | 103 |
| | Grobplanung | 122 |
| | Vorlaufsteuerung | 134 |
| | Auftragsverwaltung | 313 |
| Termin- und Kapazitätsplanung | Prioritätenvergabe | 114 |
| | Durchlaufterminierung | 120 |
| | Kapazitätsbedarfsrechnung | 67 |
| | Kapazitätsangebotsermittlung | 78 |
| | Kapazitätsabstimmung | 118 |
| | Reihenfolgeplanung | 120 |
| Mengenplanung | Materialbedarfsbestimmung | 85 |
| | Materialbeschaffungsrechnung | 112 |
| | Materialreservierung | 119 |
| | Materialbestandsführung | 212 |
| Auftrags-veranlassung | Verfügbarkeitsprüfung | 246 |
| | Auftragsfreigabe | 127 |
| | Arbeitsbelegerstellung | 228 |
| | Auftragsverteilung | 162 |
| | Transportsteuerung | 94 |
| Auftrags-überwachung | Auftragsfortschrittserfassung | 151 |
| | Kapazitätsüberwachung | 128 |
| | Auftragsdatenerfassung | 280 |
| Abweichungs-analyse | Abweichungsbestimmung | 244 |
| | Abweichungsursachenermittlung | 271 |
| Schwachstellen-analyse | Schadensanalyse | 267 |
| | Schwachstellenbestimmung | 289 |

**Abb. 7.4:** Unternehmensspezifische Bedeutung der IPS-Funktionen

Auf der Basis dieser Ergebnisse und von Erfahrungen aus ähnlich gelagerten Auswahlprojekten stellte das Unternehmen folgende Gewichtung des Zielsystems auf (vgl. Abb. 7.5 a und 7.5 b):

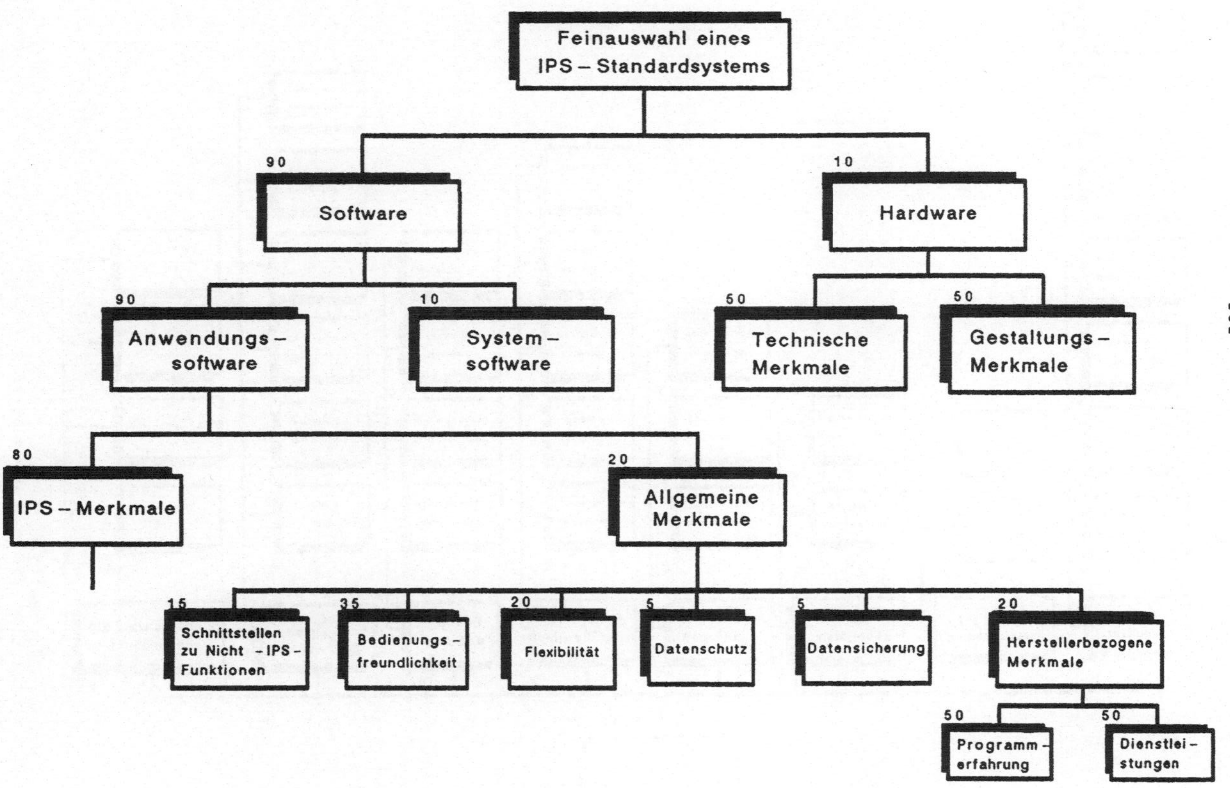


Abb. 7.5 a: Unternehmensspezifisch gewichtetes Zielsystem (ohne Bewertungsmerkmale)

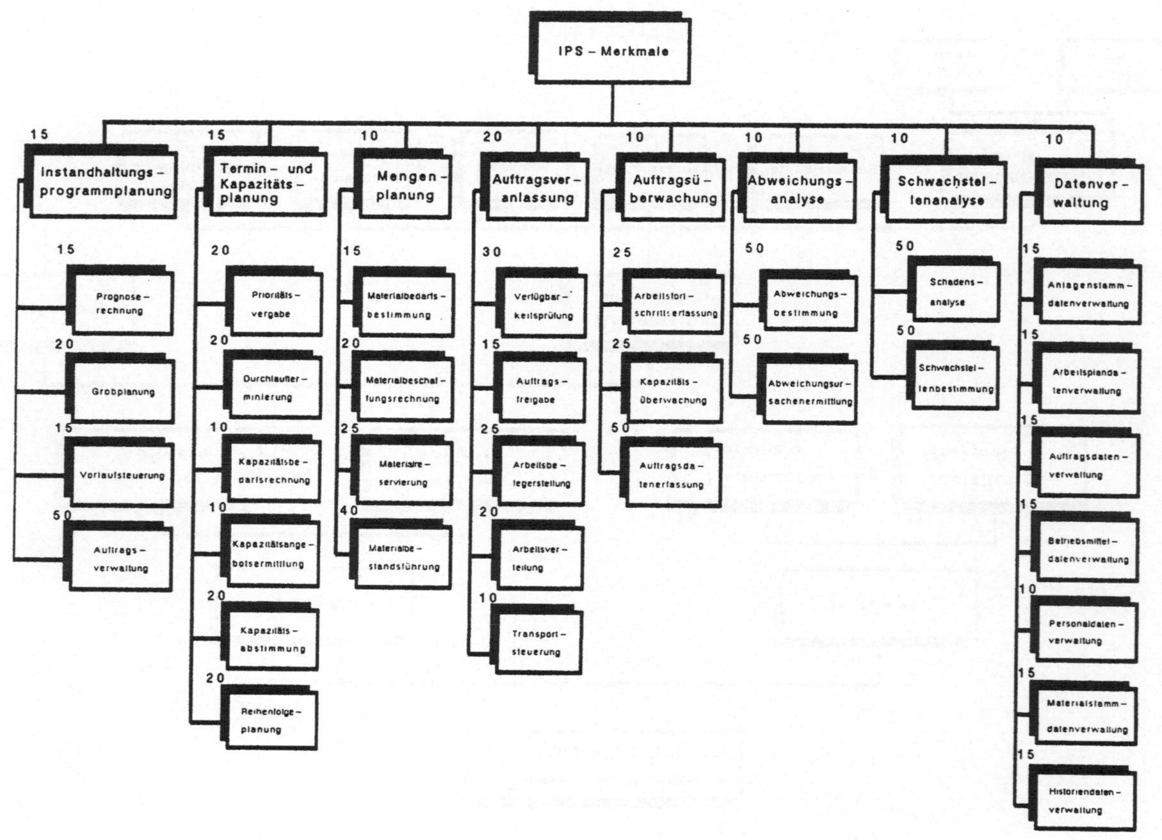


**Abb. 7.5 b**: Unternehmensspezifisch gewichtetes Zielsystem (ohne Bewertungsmerkmale)

Mit den so ermittelten Gewichtungsfaktoren für das Zielsystem und nach unternehmensspezifischer Gewichtung der einzelnen Bewertungsmerkmale ist eine Nutzwertanalyse für die drei verbliebenen IPS-Standardsysteme durchgeführt worden. Unter Berücksichtigung der für jede Ausprägung der Bewertungsmerkmale vergebenen Stufengewichte (vgl. Kap. 6.4) ergab sich folgendes Ergebnis (vgl. Abb. 7.6):

| Rang | System | Nutzwert |
|------|--------|----------|
| 1 | 32 | 9034,6 |
| 2 | 35 | 8173,1 |
| 3 | 31 | 7995,2 |

Abb. 7.6: Ergebnis der unternehmensspezifischen Nutzwertanalyse

Da die Systeme 32 und 35 auf der gleichen Hardware implementiert sind, gab das Unternehmen bei der Entscheidung zwischen diesen Systemen dem IPS-Standardsystem 32 den Vorrang. Somit standen letztlich nur die Systeme 32 und 31 zur Entscheidung an. Es lag nun in der Unternehmenspolitik, auf welcher der vorhandenen Hardwarekonfigurationen das zukünftige EDV-gestützte IPS-System laufen soll. Von entscheidender Bedeutung für den Entscheidungsprozeß ist sicherlich der Nutzwert des IPS-Standardsystems 32, der um 13 % über dem des Systems 31 liegt.

Zuvor sind jedoch noch die Anbieterangaben im Pflichtenheft durch Besuche bei Referenzkunden und Systemtests mit spezifischen Testdaten des Unternehmens zu überprüfen und ggf. neu zu interpretieren.

Eine sich anschließende Sensitivitätsanalyse und Kostenvergleichsrechnung können weitere Komponenten der endgültigen Entscheidung zwischen den verbleibenden zwei Systemen sein.

Da dem Unternehmen durch den Einsatz des in dieser Arbeit entwickelten Instrumentariums wesentliche Aufgaben zur Durchführung der Grob- und Feinauswahl erleichtert wurden, bzw. vollständig entfielen, kann die Effizienz des Instrumentariums als gegeben angesehen werden.

Die Praktikabilität des Instrumentariums kann als erwiesen angesehen werden, da durch seine Anwendung aus 35 IPS-Standardsystemen zwei Systeme ausgewählt werden konnten, die die unternehmensspezifischen Anforderungen in hohem Maße erfüllen.

## 8 Zusammenfassung

Der gestiegene Automatisierungsgrad und die verstärkte technische und organisatorische Verkettung der Produktionsmittel erhöhen die Anforderungen an die Verfügbarkeit und Zuverlässigkeit der Maschinen und Anlagen. Um dies sicherzustellen, rückt die Instandhaltung zunehmend in das Blickfeld des betrieblichen Interesses.

Eine wertvolle Hilfestellung zur Effizienzsteigerung der Instandhaltung leistet die EDV-Unterstützung der Instandhaltungsplanung und -steuerung sowie -analyse. Diese Tatsache wurde von vielen Systementwicklern und Softwarehäusern erkannt und führte zu einer Vielzahl in den letzten Jahren auf dem Markt angebotener IPS-Standardsysteme.

Doch mit dieser Entwicklung sehen sich viele Unternehmen, vor allem Klein- und Mittelbetriebe, die sich für den Einsatz eines IPS-Standardsystems entscheiden, mit dem Problem konfrontiert, aus dem verfügbaren Marktangebot ein anforderungsgerechtes System zu ermitteln.

Das Ziel der vorliegenden Arbeit war es, durch die Entwicklung eines Instrumentariums die Unternehmen in die Lage zu versetzen, ein anforderungsgerechtes System möglichst effizient und objektiv auszuwählen.

Der Einsatz der Planungshilfen basiert auf der Einteilung des Auswahlverfahrens in eine Grob- und eine Feinauswahl. Im Rahmen der Grobauswahl werden dem zukünftigen EDV-Anwender Grobauswahlkriterien zur Verfügung gestellt, mit denen er seine unternehmensspezifischen Anforderungen an ein IPS-System zu einem Anforderungsprofil verdichten kann. Diesem Anforderungsprofil werden die Leistungsprofile von IPS-Standardsystemen gegenübergestellt.

Die Leistungsprofile der IPS-Standardsysteme werden mit Hilfe des vorgestellten Verfahrens der Clusteranalyse zu Systemklassen zusammengefaßt, aus denen der zukünftige EDV-Anwender die Klasse auswählen kann, die seinem Anforderungsprofil am besten entspricht. Hierzu stellt ihm die vorliegende Arbeit eine geeignete Vorgehensweise zur Verfügung. Die Systeme der ausgewählten Klasse bilden, nachdem sie auf Erfüllung unternehmensspezifisch zu formulierender K.O.-Kriterien geprüft worden sind, die Eingangsgrößen für die Feinauswahl.

Das Feinauswahlverfahren basiert auf der bekannten Methode der Nutzwertanalyse, die eine besondere Eignung zur Lösung der vorliegenden Problemstellung aufweist. Zur Durchführung der Nutzwertanalyse war es erforderlich, eine systematische Zusammenstellung aller Ziele in Form eines Zielsystems zu erarbeiten. Die letzte Stufe der Zielhierarchie bilden die Bewertungsmerkmale, die eine vollständige Beschreibung der Leistungsfähigkeit der zu bewertenden IPS-Standardsysteme ermöglicht. Jedes dieser 281 Bewertungsmerkmale, die in einem Kriterienkatalog umfassend dargestellt und erläutert sind, wurde in bis zu fünf Ausprägungsstufen gegliedert. Diese Ausprägungsstufen sind verbal oder numerisch beschrieben und wurden durch Experten aus Forschung und Praxis quantifiziert.

Ein Problem bei der Nutzwertanalyse stellt die Bestimmung der Gewichtungsfaktoren für einzelne Ziele dar. Hierzu wurde in der vorliegenden Arbeit eine Vorgehensweise entwickelt, mit der die Bedeutung jeder IPS-Funktion zur Erreichung eines unternehmensspezifischen Nutzens ermittelt werden kann. Die Basis hierzu liefert ein Nutzenkatalog, für den sieben Nutzenpotentiale mit insgesamt 33 zugeordneten Nutzen erarbeitet worden sind. Jedem Nutzen wurden die IPS-Funktionen zugeordnet, die zu seiner Erzielung beitragen. Die Höhe des Einflusses der einzelnen IPS-Funktionen ist für jeden Nutzen durch unabhängige Experten aus Forschung und Praxis durch die Vergabe von sogenannten Einflußwerten quantifiziert worden. Durch die Vergabe von unternehmensspezifischen Gewichten für einzelne Nutzen wird für jedes Unternehmen die Bedeutung der EDV-Unterstützung jeder IPS-Funktion für seine spezifischen Nutzen transparent. Diese Kenntnis versetzt das Unternehmen in die Lage, für die Nutzwertanalyse Gewichtungsfaktoren der IPS-Merkmale festzulegen.

Die entwickelten Planungshilfen zur Auswahl von IPS-Standardsystemen wurden abschließend am Beispiel eines Unternehmens der mineralölverarbeitenden Industrie erfolgreich erprobt. Dabei erwiesen sich sowohl ihre Praktikabilität als auch ihre Effizienz.

Mit dem dargestellten Instrumentarium steht den Unternehmen, insbesondere den Klein- und Mittelbetrieben, ein wertvolles Hilfsmittel zur Auswahl eines anforderungsgerechten IPS-Standardsystems zur Verfügung. Die Planungshilfen zeichnen sich durch eine hohe Flexibilität sowohl bezüglich der Aktualisierung der einbezogenen IPS-Standardsysteme als auch der Erweiterung oder Einschränkung des Zielsystems, der Bewertungsmerkmale und des Nutzenkataloges aus. Somit wird die angestrebte Anwendbarkeit für ein breites Unternehmensspektrum gewährleistet.

## 9 Verzeichnis der wichtigsten Abkürzungen

| | |
|---|---|
| $A_1$, $A_n$ | Alternativen für eine Nutzwertanalyse |
| $g_J$ | Gewichtungsfaktoren |
| $K_{corr}$ | korrigierter Kontingenzkoeffizient |
| $m$, $m_K$, $M_K$ | Bewertungsmerkmal eines Zielsystems |
| $m_{iJ}$ | Zielertrag je Alternative und Merkmal |
| $M_E$ | mittleres Fehlerquadrat |
| $M_O$ | mittleres Quadrat der Objekte |
| $n_{iJ}$ | gewichtete Zielwerte |
| $r_N$ | Beurteilerzuverlässigkeit bei N Beurteilern |
| $Z_1$, $Z_{iJ}$, $Z_{iJk}$ | Ziele eines Zielsystems |

# - 109 -

10  <u>Literaturverzeichnis</u>

ALLCOCK, A.:    Manual Indexing Gets Its Cards.
In: Machinery and Production Engineering,
Brighton 143(1985)3672, S. 61-62.


BAUERNFEIND, U.:   Rechnergestützte geplante Instandhaltung.
In: Zeitschrift für wirtschaftliche Fertigung
(ZwF), München 79(1984)12, S. 604-606.


BAUERNFEIND, U.:   Durchblick verbessert - Bereichscomputer steuert
Instandhaltung.
In: Instandhaltung, Landsberg 14(1986)1, S. 14-
16.


BIEDERMANN, H.:   EDV in der Instandhaltung - Wie gehe ich er-
folgswirksam vor ?
In: EDV-Unterstützung in der Instandhaltung.
Hrsg. H. Biedermann.
Köln 1986, S. 155-175.


BOCK, H.H.:     Automatische Klassifikation.
Göttingen 1974.


BÖTTCHER, H.P.:   Materialbewirtschaftung für die Instandhaltung.
In: Fortschrittliche Betriebsführung und In-
dustrial Engineering (FB/IE), Darmstadt 29(1980)
1, S. 31-36.


BÖTTCHER, H.P.:   Ein Konzern organisiert seine Instandhaltung,
Folge 5: Ergebnisse.
In: Instandhaltung, Landsberg 11(1983)5, S. 36-
38.


BOSE, P.P.:     Moving maintenance toward prevention.
In: American Machinist, New York 128(1984)12,
S. 69-71.

- 110 -

BRANKAMP, K.;
BARZ, E.;
KAEHLER, K.:

Sicherstellung der Werkzeugverfügbarkeit - Aufbau einer schlagkräftigen Reparaturorganisation im Betriebsmittelbau.
In: Ind.-Anz., Leinfelden-Echterdingen 104(1982) 17. S. 20-21.

BRANKAMP, K.;
BONGARTZ, B.:

Der moderne Stanzbetrieb: Vom Sensormonitoring zur Geisterschicht.
Düsseldorf 1986.

BREER, U.;
SENT, B.:

Entwicklung von Entscheidungshilfen zur Auswahl von EDV-gestützten Instandhaltungsplanungs- und -steuerungssystemen.
Abschlußbericht zum AIF-Projekt 6833, Aachen 1988.
(Forschungsinstitut für Rationalisierung-FIR-Aachen)

BREER, U.;
WEINGÄRTNER, J.:

Planung und Steuerung der Instandhaltung mit EDV.
In: Management Zeitschrift io, Zürich 56(1987)5, S. 229-233.
(Forschungsinstitut für Rationalisierung-FIR-Aachen)

BRESSER, P.:

Personalbedarf der Arbeitsplanung.
Hrsg. R. Hackstein, Forschungsinstitut für Rationalisierung-FIR-Aachen.
Berlin u. a. 1985.

BRIEF, U.:

Entwicklung und Erprobung eines EDV-gestützten Verfahrens zur Feinauswahl von Standardsystemen der Produktionsplanung und -steuerung im Maschinenbau.
Dissertation RWTH Aachen 1984.
(Forschungsinstitut für Rationalisierung-FIR-Aachen)

BROCKER, H.P.:          Optimierung der Instandhaltungskosten, Teil 1.
                        In: Die Arbeitsvorbereitung (AV), München 15
                        (1978)2, S. 44-46.

BROCKER, H.P.:          Integriertes Instandhaltungssystem.
                        Hrsg. W. Männel.
                        Köln 1987.

BROCKHAUS:              Der neue Brockhaus.
                        Lexikon und Wörterbuch in 5 Bänden,
                        6. Auflage, Band 1.
                        Wiesbaden 1978.

BULLINGER, H.J.;        Wie beurteilt man Software zur Termin-, Kapa-
DANGELMAIER, W.;        zitäts- und Kostenplanung?
HICHERT, R.:            In: Computer-Praxis ABC, Planegg (1974)4, S. 96-
                        104.

DECLAIR, J.:            Mitwirkung der Sicherheitsfachkraft beim Aufbau
                        der planmäßigen Instandhaltung.
                        In: Zeitschrift für Arbeitssicherheit und Unfall-
                        versicherung (Die BG), Bielefeld (1982)1,
                        S. 25-26.

DICHTL, E.;             Zur Verläßlichkeit der Ergebnisse empirischer
KAISER, A.:             Untersuchungen.
                        In: Wirtschaftswissenschaftliches Studium (WiSt),
                        München 7(1978)10, S. 490-492.

DIN 31051:              Instandhaltung.
                        Berlin, Köln 1985.

DRIEDGER, G.:           Ungleiche Brüder. Nutzwertanalyse vereinfacht
                        Wahl eines Computersystems.
                        In: Maschinenmarkt, Würzburg 92(1986)41, S. 72-
                        76.

ELLINGER, T.;  
WILDEMANN, H.:

Planung und Steuerung der Produktion.  
Wiesbaden 1978.

ENSCORE, E.E.;  
BURNS, D.L.:

Dynamic scheduling of a preventive  
maintenance programme.  
In: International Journal of Production Research,  
London 21(1983)3, S. 357-368.

ERDMANN, W.:

Kriterien zur Bestimmung zweckmäßiger Instand-  
haltungsstrategien.  
In.: Industrial Engineering, Norcross 3(1973)3, S.  
111-121.  
(Forschungsinstitut für Rationalisierung-FIR-  
Aachen)

EVERSHEIM, W.:

Organisation in der Produktionstechnik.  
Band 1, Grundlagen.  
Düsseldorf 1981.

GIESEBRECHT, U.:

EDV in der Instandhaltung - Anwendungen, Er-  
fahrungen, Nutzen und Weiterentwicklung.  
In: EDV-Unterstützung in der Instandhaltung.  
Hrsg. H. Biedermann.  
Köln 1986, S. 96-121.

GRANOW, R.;  
HESSELMANN, U.;  
WELLER, H.:

Feinanalyse zur Auswahl des Anbieters von  
NC-Programmier- und DNC-Systemen.  
In: Zeitschrift für wirtschaftliche Fertigung  
(ZwF), München 78(1983)3, S. 134-136.

GREINER, T.:

Planen des Arbeitsablaufes mit Datenverarbeitung  
im Instandhaltungsbereich.  
In: Maschinenmarkt, Würzburg 91(1985)35,  
S. 670-672.

GROTHUS, H.:

Kostengünstige Instandhaltungsorganisation.  
In: Management-Zeitschrift io, Zürich 51(1982)  
7/8, S. 299-306.

GUTTROPF, W.;
MÜLLER, B.:
Wartung und Instandhaltung von Handling-
und Fertigungseinrichtungen.
In: Fördertechnik, Basel 52(1983)11, S. 24-25.

HACKSTEIN, R.:
Einführung in die technische Ablauforganisation.
München, Wien 1985.
(Forschungsinstitut für Rationalisierung-FIR-
Aachen)

HACKSTEIN, R.:
100 Milliarden für Instandhaltung.
In: VDI-Nachrichten, Düsseldorf 40(1986)24,
S. 55.
(Forschungsinstitut für Rationalisierung-FIR-
Aachen)

HACKSTEIN, R.;
KLEIN, W.:
Informationswesen in der Instandhaltung – ohne
systematische Aufgabengliederung gibt es keine
effiziente Instandhaltung.
In: Fortschrittliche Betriebsführung und In-
dustrial Engineering (FB/IE), Darmstadt 36(1987)
5, S. 241-245.
(Forschungsinstitut für Rationalisierung-FIR-
Aachen)

HACKSTEIN, R.;
PFENNIG, V.:
Instandhaltung rationalisieren.
In: Maschinenmarkt, Würzburg 92(1986)29,
S. 40-44.
(Forschungsinstitut für Rationalisierung-FIR-
Aachen)

HACKSTEIN, R.;
SENT, B.:
EDV-gestützte Instandhaltung in der Produktion.
In: Technische Rundschau, Bern 79(1987)14,
S. 54-57.
(Forschungsinstitut für Rationalisierung-FIR-
Aachen)

HACKSTEIN, R.;           Die Instandhaltungstypologie.
WEINGÄRTNER, J.:         In: VDI-Z, Düsseldorf 129(1987)4, S. 74-78.
                         (Forschungsinstitut für Rationalisierung-FIR-
                         Aachen)


HANNAK, G.;              Mit dem Computer gegen Produktionsausfälle.
GIESLER, H.:             In: Betriebstechnik, München 21(1980)11,
                         S. 63-68.


HANNAK, G.;              Schwachstellenanalyse per Computer.
GIESLER, H.:             In: Betriebstechnik, München 22(1981)3, S. 85-
                         88.


HANSEN, H.R.;            Standardsoftware.
AMSÜSS, W.L.;            Beschaffungspolitik, organisatorische Einsatz-
FRÖMMER, N.S.:           bedingungen und Marketing.
                         Berlin u. a. 1983.


HARTUNG, P.:             Augen auf beim Softwarekauf.
                         In: Instandhaltung, Landsberg 13(1985)2, S. 14-
                         17.
                         (Forschungsinstitut für Rationalisierung-FIR-
                         Aachen)


HARTUNG, J.;             Multivariate Statistik.
ELPELT, B.:              München 1984.


HINRICHS, R.:            Betriebliche Instandhaltung planen und steuern
                         mit Rechnerunterstützung.
                         In: Maschinenmarkt, Würzburg 91(1985)31/32,
                         S. 596-598.


HOFFELNER, G.:           Einführung eines EDV-Systems.
                         In: EDV-gestützte Instandhaltung.
                         Hrsg. R. Hackstein.
                         Köln 1985, S. 40-49.

HÜRLIMANN, W.:    Wann "lohnt" sich ein PC ?
In: Management-Zeitschrift io, Zürich 55(1986)
7/8, S. 308-311.


JACOBI, H.F.;    EDV-Unterstützung im Instandhaltungsbereich.
KLUMPP, W.:    In: Zeitschrift für wirtschaftliche Fertigung
(ZwF), München 77(1982)4, S. 151-154.


KEARNEY:    Marktanalyse Instandhaltungs-Software.
Unterlagen der A. T. Kearney GmbH.
Düsseldorf 1987, S. 1-4.


KERL, R.;    Instandhaltung als Regelkreis mit INVO.
JANISCH, H.:    In: Instandhaltung, Landsberg 9(1981)4, S. 10-12.


KLEIN, W.:    Gestaltung des Informationswesens in der In-
standhaltung.
In: Informationswesen in der Instandhaltung.
FIR-Sonderdruck 3/87.
Aachen 1987.
(Forschungsinstitut für Rationalisierung-FIR-
Aachen)


KLUGE, H.:    Rechnerunterstützte Arbeitsplanung - Systeme
beurteilen und auswählen.
In: Ind.-Anz., Leinfelden-Echterdingen 106(1984)
41, S. 65-69.


KÖHLER, J.:    Möglichkeiten der rechnergestützten Erarbeitung
von technologischen Unterlagen für den Instand-
haltungsprozeß in Klein- und Mittelbetrieben.
In: Fertigungstechnik und Betrieb, Berlin (Ost)
35(1985)10, S. 599-600.


KOLLISKI, P.:    EDV-unterstützte Instandhaltung.
In: Betriebstechnik, München 17(1976)9, S. 56-
58.

KROESEN, A.:                Instandhaltung und Betriebsplankostenrechnung.
                           Wiesbaden 1983.


KURTH, J.:                 Nutzwertanalyse als Entscheidungshilfe bei der
                           Auswahl von NC-Programmiersystemen.
                           In: Zeitschrift für wirtschaftliche Fertigung
                           (ZwF), München 67(1972)10, S. 509-517.


LAAK, H.v.:                Die Bedeutung der Instandhaltung.
                           In: Werkstatt und Betrieb, München 116(1983)1,
                           S. 33-36.


LAAK, H.v.:                Information Systems In Maintenance.
                           In: Tagungsunterlagen zum EFNMS-Kongreß
                           (European Federation of National Maintenance
                           Associations) vom 7.-9.5.1986 in Barcelona,
                           Paper-Nr. 16.


LEWANDOWSKI, K.:           Arbeitsplanungs- und Steuerungssysteme für die
                           Instandhaltung.
                           In: EDV-Unterstützung in der Instandhaltung.
                           Hrsg. H. Biedermann.
                           Köln 1986, S. 288-309.


LIENERT, G.A.:             Testaufbau und Testanalyse.
                           Weinheim 1961.


LÖBEL, G.;                 Lexikon der Datenverarbeitung.
MÜLLER, P.;                7. Auflage.
SCHMID, H.:                München 1978.


MADER, C.;                 Datenverarbeitungssysteme.
HAGIN, R.:                 Stuttgart 1976.


MANN, L.Jr.;               Evaluating a computer for maintenance
COATES, E.R.Jr.:           management.
                           In: Industrial Engineering, Norcross 12(1980)2,
                           S. 28-32.

MARINELLO, R.L.:  Computerizing Maintenance Information.
In: Plant Engineering, Barrington 36(1982)4,
S. 70-76.


MARTTIO, S.:  Computer Aided Maintenance Information   And
Control Systems And Its Influence To Mainte-
nance Management In An Integrated Steel Plant.
In: Tagungsunterlagen zum EFNMS-Kongreß
(European Federation of National Maintenance
Associations) vom 7.-9.5.1986 in Barcelona,
Paper-Nr. 27.


MARX, H.-J.:  Die ersten Teilziele sind erreicht.
In: Instandhaltung, Landsberg 11(1983)4, S. 13-
15.


MASKOW, J.:  Beitrag zur Erfassung von Arbeitsinhalten im
Bereich der Teilefertigung und Montage.
Dissertation RWTH Aachen 1981.
(Forschungsinstitut für Rationalisierung-FIR-
Aachen)


MEIER, H.-J.:  EDV-gestützte Instandhaltung.
In: Betriebstechnik, München 28(1987)4, S. 65-
70.


MEYER, F.W.:  Entwicklung einer rechnergestützten Methode
zum Vergleich von Anforderungs-und Fähigkeits-
profilen - ein Beitrag zum Aufbau von Arbeits-
platz- und Personalinformationssystemen.
Dissertation RWTH Aachen 1973.
(Forschungsinstitut für Rationalisierung-FIR-
Aachen)

MEYER, F.W.:          Tätigkeiten und Arbeitsverfahren in der Instand-
                      haltung.
                      In: Instandhaltung - Grundlagen.
                      Hrsg. H. J. Warnecke.
                      Köln 1981, S. 680-757.
                      (Forschungsinstitut für Rationalisierung-FIR-
                      Aachen)


MICHEL, L.:           Allgemeine Grundlagen psychometrischer Tests.
                      In: Psychologische Diagnostik.
                      Hrsg. R. Heiss, Band 6 der Reihe:
                      Handbuch der Psychologie.
                      Hrsg. K. Gottschalk, P. Lersch, F. Sander und H.
                      Thomae.
                      Göttingen 1971, S. 19-70.


MIZ (Hrsg.):          EDV-gestützte Instandhaltung.
                      Unveröffentlichte Feldstudie und Bedarfsanalyse
                      der MIZ-Gesellschaft für Logistik.
                      Wilhelmshaven 1987.


NAUMANN, D.:          Instandhaltung - eine Managementaufgabe.
                      In: Fördern und heben (f+h), Mainz 34(1984)4,
                      S. 289-292.


NARTEN, M.:           Instandhaltung hydraulischer Bauelemente und
                      Anlagenwartung.
                      In: Instandhaltung - Grundlagen.
                      Hrsg. H. J. Warnecke.
                      Köln 1981, S. 1037-1043.


NIESING, H.:          Auswahlkriterien für Datenbanksoftware.
                      In: adl-Nachrichten, Köln 21(1976)99, S. 14-18.


N.N.:                 Die versteckten Milliarden.
                      In: Industriemagazin, Landsberg (1983)2, S. 30-
                      34.

N.N.:            Vom EDV-Chef unabhängig. Personal Computer als Kommandozentrale der Instandhaltung.
In: Instandhaltung, Landsberg 12(1984)2, S. 8-9.

N.N.:            Marktbild: IH-Beratung und IH-Software.
In: Instandhaltung, Landsberg 14(1986)6, Sonderheft IH-Markt, S. 2-56.

NÖTHEN, J.:      Querschnittsuntersuchung der Instandhaltungsorganisation.
Unveröffentlichte Studie des Forschungsinstitutes für Rationalisierung an der RWTH Aachen.
Aachen 1985.

NOMINA (Hrsg.):    ISIS Engineering Report.
Hrsg.: Nomina Gesellschaft für Wirtschafts- und Verwaltungsregister.
München 1987.

PAUER, W.:       Instandhaltungsplanung per Computer.
In: Betriebstechnik, München 19(1978)1, S. 31-36.

PFENNIG, V.:     Planung und Steuerung der Instandhaltung mit EDV.
In: Einsatz neuer Technologien aus arbeits- und betriebsorganisatorischer Sicht.
Hrsg. R. Hackstein.
Köln 1987, S. 183-211.
(Forschungsinstitut für Rationalisierung-FIR-Aachen)

PITRA, L.:       Entwicklung und Erprobung eines Instrumentariums zur Auswahl von rechnergestützten Systemen zur Grobplanung der Produktion.
Dissertation RWTH Aachen 1982.
(Forschungsinstitut für Rationalisierung-FIR-Aachen)

PLÜM, H.-D.: Vergleich der Leistungsprofile von Standard-IH-Software-Paketen (CAMM) mit den Anforderungen von Hüttenwerken an eine rechnergestützte Instandhaltung.
In: Tagungsunterlagen zum VDEH-Seminar "Das System Instandhaltung - mit den Möglichkeiten des EDV-Einsatzes" vom 29.-30.6.1987 in Mönchengladbach.

POESTGES, A.: Planung und Steuerung der Instandhaltung mit EDV.
In: Die Arbeitsvorbereitung (AV), München 23 (1986)3, S. 93-96. (=1986a)

POESTGES, A.: Neue Perspektiven für die Instandhaltungsarbeit.
In: Ind.-Anz., Leinfelden-Echterdingen 108(1986) 28, S. 43-46. (=1986b)

RASCHKE, H.;
SCHAUFLER, O.: Computer Aided Maintenance at Continuous Slab Casters.
In: Fachberichte Hüttenpraxis Metallweiterverarbeitung, Coburg 23(1985)1, S. 29-36.

RASCHKE, H.;
SCHAUFLER, O.;
ECKMANN, M.: EDV-unterstütztes Anlagenerhaltungssystem für Hüttenanlagen.
In: Berg- und Hüttenmännische Monatshefte, Wien 130(1985)11, S. 387-391.

RAUSCHHOFER, H.-H.: Vorbeugende Instandhaltung ist ein Garant auch für Sicherheit.
In: Maschinenmarkt, Würzburg 87(1981)37, S. 737-740.

RECHMANN, H.: Datengestützt instandhalten mindert Schadenskosten zur gezielten Werterhaltung.
In: Maschinenmarkt, Würzburg 90(1984)84, S. 1947-1948.

REENTS, H.:  Vorbeugende Instandhaltung mit Hilfe von Tischrechnern.
In: Maschinenmarkt, Würzburg 89(1983)38, S. 814-817.

REFA (Hrsg.):  Methodenlehre der Planung und Steuerung, Teil 1.
4. Auflage, München 1985.

RENKES, D.:  Organisation und Planung der Instandhaltung in Hüttenwerken.
In: Stahl und Eisen, Düsseldorf 89(1969)22, S. 1226-1231.

RINZA, P.;
SCHMITZ, H.:  Nutzwert-Kosten-Analyse.
Düsseldorf 1977.

SALIS, U. v.:  Instandhaltung - eine unterbewertete Funktion im Betrieb ?
In: SVI-Bulletin, Zürich (1986)1, S. 2-17.

SCHEER, A.-W.:  Stand und Trends der computergestützten Produktionsplanung und -steuerung (PPS) in der Bundesrepublik Deutschland.
In: Zeitschrift für Betriebswirtschaft (ZfB), Wiesbaden 53(1983)2, S. 138-155.

SCHEIFINGER, B.:  EDV-unterstützte Planung und Steuerung in einer mechanischen Werkstätte.
In: Berg- und Hüttenmännische Monatshefte, Wien 130(1985)11, S. 392-395.

SCHIRMACHER, M.;
SCHMUTZER, J.:  Erfahrungen bei der Anwendung der EDV in der Instandhaltung.
In: Fertigungstechnik und Betrieb, Berlin (Ost) 34(1984)10, S. 625-627.

SCHNABEL, B.:    Beitrag zur Quantifizierung organisatorischer Einflußgrößen auf die Durchlaufzeit bei Werkstattfertigung.
Dissertation RWTH Aachen 1975.
(Forschungsinstitut für Rationalisierung-FIR-Aachen)

SCHOMBURG, E.:    Entwicklung eines betriebstypologischen Instrumentariums zur systematischen Ermittlung der Anforderungen an EDV-gestützte Produktionsplanungs- und -steuerungssysteme im Maschinenbau.
Dissertation RWTH Aachen 1980.
(Forschungsinstitut für Rationalisierung-FIR-Aachen)

SCHULTE, W.:    Instandhaltungsmanagement der neunziger Jahre (I). Ausfallzeiten vermeiden - den Sollzustand wieder herstellen.
In: Blick durch die Wirtschaft, Frankfurt (1987) 73, S. 70.

SCHULZE-HEIL, B.;
DINKLA, H.U.;
BOHM, D.:    Ausgangssituation und Erfahrungen bei der Auswahl eines EDV-Systems.
In: EDV-gestützte Instandhaltung.
Hrsg. R. Hackstein.
Köln 1985, S. 14-27.

SEILER, D.;
WIEDERHOLD, M.:    Effiziente Instandhaltung durch EDV-Einsatz.
In: VDI-Z, Düsseldorf 126(1984)7, S. 208-212.

SIEBEL, H.;
WEISS, D.:    Wartung und Instandhaltung lassen sich verbessern mit der Datenverarbeitung.
In: Maschinenmarkt, Würzburg 91(1985)93, S. 1963-1964.

SMIT, K.: Aus dem Pflichtenheft zitiert - Von der Insellösung zum umfassenden Computereinsatz. In: Instandhaltung, Landsberg 12(1984)5, S. 10-12.

SPEITH, G.: Vorgehensweise zur Beurteilung und Auswahl von Produktionsplanungs- und -steuerungssystemen für Betriebe des Maschinenbaus. Dissertation RWTH Aachen 1982. (Forschungsinstitut für Rationalisierung-FIR-Aachen)

STEINHAUSEN, D.; LANGER, K.: Clusteranalyse. Berlin 1977.

STOCK, W.-D.: Einsatz von EDV-Programmen zur Optimierung vorbeugender Instandsetzungsperioden bei hochproduktiven Grundmitteln. In: Wiss. Z. Techn. Univers. Dresden 30(1981) 2/3, S. 213-216.

STRACK, M.: Organisatorische Gestaltung einer zentralen Werkstattsteuerung. Hrsg. R. Hackstein, Forschungsinstitut für Rationalisierung-FIR-Aachen. Berlin u. a. 1987.

TAUBERT, D.: Wenn Computer Händchen halten - Verknüpfung von PC und Großrechner in der Instandhaltung. In: Instandhaltung, Landsberg 14(1986)4, S. 15-18.

VOGEL, F.: Probleme und Verfahren der numerischen Klassifikation. Göttingen 1975.

- 124 -

WANZLIK, H.:  Einsatz eines EDV-Systems.
In: EDV-gestützte Instandhaltung.
Hrsg. R. Hackstein.
Köln 1985, S. 63-78.

WARNECKE, H.J.:  Bedeutung der Instandhaltung.
In: Instandhaltung - Grundlagen.
Hrsg. H. J. Warnecke.
Köln 1981, S. 1-14.

WARNECKE, H.J.;  Konzeption eines EDV-unterstützten
JACOBI, H.F.:  Instandhaltungssystems.
In: VDI-Z, Düsseldorf 122(1980)17, S. 199-203.

WARNECKE, H.J.;  Ersatzteile zur Instandhaltung lassen sich
KRAUS, T.:  besser bewirtschaften!
In: Management-Zeitschrift io, Zürich 52(1983)2,
S. 87-90.

WARNECKE, H.J.;  Sicherheit in der Instandhaltung im Bereich
UETZ, H.:  Fertigungstechnik.
In: Maschinenmarkt, Würzburg 85(1979)28,
S. 527-530.

WEGNER, R.:  Ratingmethoden.
In: Techniken der empirischen Sozialforschung,
Band 5: Testen und Messen - dargestellt von C.
Besozzi.
Hrsg. J. v. Koolwijk und G. Albrecht.
München 1976, S. 103-130.

WEINGÄRTNER, J.:  Entwicklung eines Instrumentariums zur systematischen Ermittlung der Anforderungen an EDV-
gestützte Instandhaltungsplanungs-, -steuerungs-
und -analysesysteme.
Dissertation RWTH Aachen 1988.
(Forschungsinstitut für Rationalisierung-FIR-
Aachen)

WIESE, M.: Untersuchungen zur Beurteilung der Wirtschaftlichkeit EDV-gestützter Fertigungssteuerungssysteme im Bereich Zeitwirtschaft – dargestellt an Fertigungsverhältnissen in Betrieben des Werkzeugmaschinenbaus mit Werkstattfertigung. Dissertation RWTH Aachen 1977. (Forschungsinstitut für Rationalisierung-FIR-Aachen)

WILSON, A.: Selection Of The Best Computer System By Users. In: Tagungsunterlagen zum EFNMS-Kongreß (European Federation of National Maintenance Associations) vom 7.-9.5.1986 in Barcelona, Paper-Nr. 26.

ZANGEMEISTER, C.: Nutzwertanalyse in der Systemtechnik. 4. Auflage, Berlin 1976.

## 11 Anhang

## 11.1 Der Nutzenkatalog

<table>
<tr><td colspan="2" align="center">Nutzenpotentiale durch EDV – Unterstützung der IPS</td></tr>
<tr><td colspan="2">Reduzierung der direkten Instandhaltungskosten<br><br>1. Lohnkosten</td></tr>
<tr><td align="center">Nutzen</td><td align="center">Maßnahmen</td></tr>
<tr><td>1.1.<br>Senkung<br>des<br>Unfallrisikos</td><td>a) Reduzierung der Störfälle<br>b) bessere Information über Sicherheitsmaßnahmen und Schutzeinrichtungen<br>c) Reduzierung der improvisiert ausgeführten Maßnahmen<br>d) Systematische Arbeitsplatzgestaltung</td></tr>
<tr><td>1.2.<br>Steigerung<br>der<br>Motivation</td><td>a) Reduzierung der Routinetätigkeiten<br>b) qualifikationsorientierte Arbeitsverteilung<br>c) bessere Anleitung und Vorbereitung<br>d) verstärkte Einbeziehung der Handwerker in die Planung<br>e) geringere Wartezeiten und Stillstände durch Dispositionsfehler<br>f) mehr individuelle Dispositionsmöglichkeiten und Handlungsspielräume</td></tr>
<tr><td>1.3.<br>Senkung<br>der<br>Fluktuation</td><td>a) qualifikationsgerechter Einsatz<br>b) Reduzierung von Routinearbeiten<br>c) Reduzierung von Überstunden, gleichmäßigere Arbeitsverteilung<br>d) Möglichkeiten zur Weiterqualifikation</td></tr>
<tr><td>1.4.<br>Steigerung<br>der<br>Produktivität</td><td>a) detailliertere Arbeitsbeschreibung<br>b) fehlerfreie, realitätsbezogene Planungsdaten<br>c) bessere Anleitung und Vorbereitung<br>d) Einbeziehung von mehr Erfahrungswerten in den Planungsprozeß<br>e) qualifikationsgerechte Arbeitszuweisung<br>f) verstärkte Kontrolle und kurzfristige Reaktionsfähigkeit auf Abweichungen</td></tr>
<tr><td>1.5<br>Erhöhung<br>der<br>Flexibilität<br>des<br>Mitarbeiter-<br>einsatzes</td><td>a) bessere Anleitung der Handwerker<br>b) umfangreichere Vorbereitung der Maßnahmen<br>c) qualifikationsorientierte Arbeitsverteilung<br>d) kurzfristige Reaktionsfähigkeit der Arbeitsverteilung<br>e) verminderte Personenbindung</td></tr>
</table>

<table>
<tr><td colspan="2">Nutzenpotentiale durch EDV – Unterstützung der IPS</td></tr>
<tr><td colspan="2">Reduzierung der direkten Instandhaltungskosten<br><br>2. Materialkosten</td></tr>
<tr><td>Nutzen</td><td>Maßnahmen</td></tr>
<tr>
<td>2.1<br>Reduzierung<br>der<br>Typenvielfalt</td>
<td>a)  Gleichteilehinweise<br>b)  Normung und Standardisierung der Teile<br>c)  Konstruktionsberatung<br>d)  zentrale Verwaltung verschiedener Lager</td>
</tr>
<tr>
<td>2.2.<br>Sicherstellung<br>einer<br>anforderungs –<br>gerechten<br>Qualität</td>
<td>a)  detaillierte, aktuelle Marktübersicht<br>b)  Schwachstellenanalyse, Einsatzprotokolle<br>c)  Hinweise zu sachgemäßer Lagerung und Transport<br>d)  erleichterte Identifizierung und Kontrolle<br>e)  detaillierte Beschreibung<br>f )  schnelle Übersicht und Verfügbarkeit von Teilen</td>
</tr>
<tr>
<td>2.3.<br>Reduzierung<br>der Teileanzahl<br>und des<br>Lagerumfangs</td>
<td>a)  Gleichteilehinweise, Normung, Standardisierung<br>b)  bedarfsorientierte Bevorratung und Reservierung<br>c)  optimierte Lagerstrategien<br>d)  verkürzte Bestell – und Beschaffungszeiten<br>e)  exakte und aktuelle Bestandsführung</td>
</tr>
<tr>
<td>2.4.<br>Unterstützung<br>des<br>Verwaltungs –<br>und<br>Bestellwesens</td>
<td>a) Reduzierung der Anzahl Bestellungen<br>b) Übernahme von Verwaltungs – und Bestellfunktionen<br>c) detaillierte, fehlerfreie Bestands – und<br>     Anforderungsbeschreibung<br>d) automatische Belegerstellung, – weiterleitung<br>     und Abmahnung<br>e) erleichterter Überblick über Lieferbereitschaft<br>     und Marktangebote<br>f ) Prognoseerstellung<br>g) Abstimmung mit anderen Bereichen<br>h) Handhabung umfangreicher Dateien<br>i ) erleichterte Identifizierung</td>
</tr>
<tr>
<td>2.5<br>Termingerechte<br>Bereitstellung</td>
<td>a)  fehlerfreie, detaillierte Datenweitergabe und<br>     Belegerstellung<br>b)  aktuelle Bestandsführung<br>c)  automatische Auftragsverfolgung<br>d)  aktuelle Übersichten</td>
</tr>
</table>

| Nutzenpotentiale durch EDV – Unterstützung der IPS | |
| --- | --- |

Reduzierung der direkten Instandhaltungskosten

2. Materialkosten

| Nutzen | Maßnahmen |
| --- | --- |
| 2.6<br>Verstärkte<br>Kosten –<br>orientierung<br>und Nutzung<br>vorhandener<br>Ressourcen | a) Einbeziehung von Ausfallkosten in die Lagerstrategie<br>b) Reduzierung von Beständen aufgrund zentraler Verwaltung und Übersicht<br>c) bessere Marktübersicht, weniger Eigenfertigung<br>d) detaillierte Kostenerfassung und – zuordnung<br>e) automatisierte Termin – und Auftragsverfolgung |
| 2.7<br>Erhöhung von<br>Flexibilität<br>und<br>Verfügbarkeit<br>der<br>Betriebsmittel<br>der<br>Instandhaltung | a) optimierte Betriebsmittel und Personalzuordnung<br>b) zentrale, aktuelle Übersicht und Planung<br>c) bessere Vorbereitung von Maßnahmen und Anleitung der Handwerker<br>d) systematische und unterstützte Standortplanung sowieTransportsteuerung<br>e) Abbau von Spitzenbelastungen, weniger Improvisationen<br>f) gesteigerte Reaktionsfähigkeit der Planung und Steuerung |
| 2.8.<br>Steigerung von<br>Auslastung und<br>Leistungs –<br>fähigkeit der<br>Betriebsmittel der<br>Instandhaltung | a) anforderungsgerechte Auslegung der Betriebsmittel<br>b) zentrale Kapazitätsübersicht und – verteilung<br>c) besser vorbereitete Aufträge<br>d) genaue Vorgaben zur Auftragsausführung<br>e) flexible Planung und weniger Wartezeiten<br>f) Abbau von Redundanzen und Sicherheitsreserven |
| 2.9<br>Reduzierung<br>der<br>Kapitalbindung<br>und des<br>laufenden<br>Aufwands der<br>Betriebsmittel<br>der<br>Instandhaltung | a) erhöhte Beachtung von Fremdleistungs – angeboten, weniger Eigenfertigung<br>b) besser vorbereitete und effizienter durchgeführte Maßnahmen<br>c) weniger Overmaintenance, mehr Wartung und Inspektion<br>d) optimierte Instandhaltungsstrategien<br>e) detaillierte Bauteilkenntnisse<br>f) optimierte Teileverwaltung, weniger Eigenfertigung aus Zeitgründen<br>g) zentrale Kapazitätsdisposition |

<table>
<tr><td colspan="2">Nutzenpotentiale durch EDV – Unterstützung der IPS</td></tr>
<tr><td colspan="2"><u>Reduzierung der indirekten Instandhaltungskosten</u><br><br>3. Produktionsausfallkosten</td></tr>
<tr><td>Nutzen</td><td>Maßnahmen</td></tr>
<tr>
<td>3.1.<br>Verbesserung<br>der<br>Objekt–<br>funktion</td>
<td>
a) sytematisches Erfassen und Bestimmen von<br>Abweichungen und Schwachstellen<br>
b) anforderungsgerechte Instandhaltungsmaßnahmen,<br>weniger Improvisationen<br>
c) anforderungsgerechte Ersatzteile<br>
d) systematisches Verbesserungs– und Vorschlags–<br>wesen
</td>
</tr>
<tr>
<td>3.2.<br>Erhöhung<br>von<br>Auslastung<br>und<br>Verfügbarkeit</td>
<td>
a) bessere Abstimmung zwischen Bediener und<br>Instandhaltung<br>
b) besser vorbereitete, gesteuerte und schneller<br>durchgeführte Maßnahmen<br>
c) reduziertes Overmaintenance, mehr Wartung und<br>Inspektion<br>
d) dringlichkeitsorientierte Maßnahmendurchführung<br>
e) Einbeziehung der Bediener in IH–Aufgaben<br>
f) optimierte Maßnahmensteuerung<br>
g) Reduzierung von Folgeschäden durch frühzeitiges<br>Eingreifen und optimierte Ersatzzyklen
</td>
</tr>
</table>

**Nutzenpotentiale durch EDV – Unterstützung der IPS**

Reduzierung der indirekten Instandhaltungskosten

4. Wertminderung

| Nutzen | Maßnahmen |
|---|---|
| **4.1** Verlängerung der Objektlebensdauer | a) frühzeitige Fehlererkennung vor Störfällen <br> b) besser vorbereitete und ausgeführte Maßnahmen <br> c) schnelle Reaktionsfähigkeit auf Abweichungen <br> d) systematische Anlagenhistorie und Schwachstellenbekämpfung |
| **4.2** Erhöhung des Abnutzungsvorrates der Instandhaltungsobjekte | a) kontinuierliche Datenerfassung und Auswertung <br> b) Anleitung und Beratung aufgrund von Schadensauswertungen <br> c) Einbeziehung der Bediener in IH – Aufgaben ermöglicht rechtzeitige Maßnahmen <br> d) bessere Teilequalität und Ausführung der Arbeiten <br> e) Abbau von Sicherheitsreserven an Betriebsmitteln |

| | |
|---|---|
| **Nutzenpotentiale durch EDV – Unterstützung der IPS** | |

Nicht quantifizierbare Nutzen

5. Erhöhung der Planungs- und Steuerungsqualität

| Nutzen | Maßnahmen |
|---|---|
| **5.1.** Erhöhung des Anteils geplanter und gesteuerter Maßnahmen | a) schnelle und leistungsfähige Planung<br>b) Einbeziehung kleiner Maßnahmen<br>c) Einbeziehung kurzfristiger Aufträge<br>d) Reduzierung der Personenbindung in der Planung<br>e) weniger Routinetätigkeiten<br>f) zentrales, unterstütztes Vorgehen<br>g) bessere Verknüpfung der Bereiche |
| **5.2.** Erhöhung der Intensität | a) einheitliche und übersichtliche Gestaltung der Papiere<br>b) weniger Datenhandhabungsaufwand<br>c) Bereitstellung von zusätzlichen Daten und deren Auswertung<br>d) vereinfachte Kommunikation und Koordination |
| **5.3.** Erhöhung der Genauigkeit | a) verstärkte Einbeziehung von Erfahrungen und Datensammlungen<br>b) weniger Eingabeaufwand<br>c) bessere Transparenz und Abstimmung<br>d) aktuellere und fehlerfreiere Planung<br>e) mehr Zeit für kreative, innovative Tätigkeiten<br>f) höherer Anteil geplanter Maßnahmen, dadurch genauere Prognosen<br>g) umfangreichere Datenübergabe |
| **5.4.** Erhöhung der Flexibilität | a) ausführungsnahes, leicht änderbares und schnelles Vorgehen<br>b) verstärkte Abstimmung und Kooperation<br>c) bessere Anpaßbarkeit an sich ändernde Randbedingungen und Ziele<br>d) Alternativengenerierung und -darstellung<br>e) Dialogfähigkeit und Erfahrungsrückfluß<br>f) dringlichkeitsorientiertes und dynamisches Vorgehen<br>g) ausführlichere Darstellung, Alternativenauswahl und Entscheidungsvorbereitung<br>h) qualifikationsorientiert abrufbarer Detaillierungsgrad |

| Nutzenpotentiale durch EDV – Unterstützung der IPS | |
| --- | --- |

**Nicht quantifizierbare Nutzen**

6. Verbesserung des Informationswesens

| Nutzen | Maßnahmen |
| --- | --- |
| 6.1 Erhöhung der Aktualität | a) automatische Pflege der Dateien und zentrales Änderungswesen<br>b) laufende, sichergestellte Datenerfassung<br>c) dezentrale Dateneingabe<br>d) Verbund mit anderen Bereichen<br>e) aktueller Zugriff auf das zentrale Hilfsmittel<br>f) weniger aufwendige Eingabe, Verarbeitung und Ausgabe |
| 6.2. Erweiterung des Informations– umfangs | a) sytematische, vollständige Erfassung aller Vorgänge und Daten<br>b) selbständige Informationsauswertung durch Querverweise<br>c) Anmahnung fehlender Daten<br>d) Aufhebung der Personenbindung von Erfahrung |
| 6.3. Verbesserung des Informations– zugriffes | a) zentrale Speicherung, dezentrales Abrufen<br>b) Suchfunktionen und aufgabenorientierte Datenbereitstellung<br>c) einheitliches, durchgehendes Hilfsmittel<br>d) weniger Eingabeaufwand und erleichterte Bedienung von Dateien<br>e) gesicherte Aktualität und erhöhte Datenzuverlässigkeit |
| 6.4. Verbesserung der Darstellungs– qualität | a) einheitliche, übersichtliche und wiedererkennbare Gestaltung<br>b) wählbarer Detaillierungsgrad<br>c) Graphik – und Zeichnungsdarstellung |

## Nutzenpotentiale durch EDV—Unterstützung der IPS

Nicht quantifizierbare Nutzen

6. Verbesserungs des Informationswesens

| Nutzen | Maßnahmen |
|---|---|
| 6.5. Sicherstellung der Informations- auswertung | a) selbsttätige Durchführung manuell zu aufwendiger Auswertungen<br>b) einheitliche, standardisierte Begriffe<br>c) kontinuierliche Auswertung von Daten<br>d) Plausibilitätskontrolle und Anmahnung fehlender Daten |
| 6.6. Reduzierung von Fehlerquellen | a) interne Übertragung, Eingangs— und Plausibilitätskontrolle<br>b) standardisierte, detaillierte Begriffsverwendung<br>c) weniger Eingabeaufwand sowie Benutzerführung |

## Nutzenpotentiale durch EDV-Unterstützung der IPS

Nicht quantifizierbare Nutzen

7. Verbesserung der Organisation

| Nutzen | Maßnahmen |
|---|---|
| 7.1.<br>Erhöhung<br>der<br>Flexibilität | a) zentrale, übersichtliche und umfassende Darstellung von Zusammenhängen<br>b) schnelle Reaktionsfähigkeit aufgrund einfacher Änderbarkeit und deren Durchsetzung<br>c) umfassende Überwachung und Warnsysteme<br>d) Dialogmöglichkeit<br>e) Alternativendarstellung und Entscheidungs-verlagerung auf untere Ebenen<br>f) automatisierte Funktionen zur Auftragsverfolgung |
| 7.2.<br>Steigerung<br>der<br>Leistungs-<br>fähigkeit | a) detaillierte Aufgabenstellung und Verantwortungszuweisung<br>b) umfassende und rechtzeitige Arbeitsvorbereitung<br>c) optimierte Kapazitätszuordnung<br>d) reduzierte Abstimmungsverluste<br>e) Dialogfähigkeit und kontinuierlicher Abgleich mit anderen Bereichen |
| 7.3.<br>Reduzierung<br>der<br>Auftrags-<br>durchlauf-<br>zeiten | a) schnelle Arbeitsvorbereitung, -planerstellung und -verteilung<br>b) fehlerfreie und anforderungsgerechte Vorbereitung<br>c) Auftragsfortschrittsüberwachung<br>d) detaillierte Prioritätenfestlegung und -beachtung<br>e) gute Auftragsklärung und Vorbereitung betroffener Bereiche<br>f) optimierte Kapazitätszuweisung<br>g) Reduzierung manueller und zeitaufwendiger Tätigkeiten der Organisation |
| 7.4.<br>Verbesserung<br>der<br>Termin-<br>einhaltung | a) umfangreiche und detaillierte Vorbereitung<br>b) Arbeitsfortschrittsüberwachung und rechtzeitige Reaktion auf Abweichungen<br>c) Generierung von Ausweichstrategien und -maßnahmen zur Vorbereitung dieser Alternativen<br>d) transparente und flexible Kapazitätsabstimmung |
| 7.5.<br>Erhöhung<br>der<br>Transparenz | a) zusätzliche Funktionen, wie z.B. Kennzahlenermittlung, Übersichten<br>b) reduzierte Personenbindung<br>c) Auswertungsfunktionen<br>d) detaillierte und aktuelle Überwachung<br>e) Datensammlung und Ursachenermittlung |

## 11.2  Die Zuordnungsmatrix

**Zuordnungsmatrix**

Funktionen der Instandhaltungsplanung, -steuerung und -analyse (Zeilen) × Nutzen / Maßnahmen (Spalten)

Nutzen:
- 1.1 Senkung des Unfallrisikos
- 1.2 Steigerung der Motivation
- 1.3 Senkung der Fluktuation
- 1.4 Steigerung der Produktivität
- 1.5 Erhöhung der Flexibilität des Mitarbeitereinsatzes

| Funktion \ Maßnahmen | 1.1 a | 1.1 b | 1.1 c | 1.1 d | 1.2 a | 1.2 b | 1.2 c | 1.2 d | 1.2 e | 1.2 f | 1.3 a | 1.3 b | 1.3 c | 1.3 d | 1.4 a | 1.4 b | 1.4 c | 1.4 d | 1.5 a | 1.5 b | 1.5 c | 1.5 d | 1.5 e |
|---|---|---|---|---|---|---|---|---|---|---|---|---|---|---|---|---|---|---|---|---|---|---|---|
| Schwachstellenbestimmung | o |  |  |  |  |  |  |  |  |  |  |  |  |  | o | o | o | o | o |  |  |  | o |
| Schadensanalyse | o |  |  |  |  |  |  |  |  |  |  |  |  |  | o | o | o | o | o |  |  |  | o |
| Abweichungsursachenermittlung |  |  |  |  |  | o |  |  |  |  |  |  |  |  | o | o | o | o | o |  |  |  | o |
| Abweichungsbestimmung |  |  |  |  |  |  |  |  |  |  |  |  |  |  | o | o | o | o | o |  |  |  | o |
| Auftragsdatenerfassung | o |  |  |  |  |  |  |  |  |  |  |  |  |  |  | o | o |  |  |  |  |  | o |
| Kapazitätsüberwachung |  |  |  |  |  |  |  | o |  |  |  |  | o |  |  |  | o |  |  |  |  |  |  |
| Arbeitsfortschrittserfassung |  |  |  |  |  |  | o | o |  |  |  |  | o |  |  | o | o |  |  |  |  |  |  |
| Transportsteuerung |  | o |  |  | o |  |  |  |  |  | o |  |  |  |  |  |  |  |  | o |  |  |  |
| Arbeitsverteilung |  | o |  |  | o | o | o | o | o |  | o |  | o |  |  | o | o |  |  |  |  | o | o |
| Arbeitsbelegerstellung | o | o |  |  | o |  | o | o | o | o | o | o |  |  | o | o | o | o | o | o |  |  |  |
| Auftragsfreigabe | o | o |  |  |  |  | o | o |  |  |  |  |  |  |  | o | o |  |  |  |  |  |  |
| Verfügbarkeitsprüfung |  |  |  |  | o |  | o |  | o |  |  |  | o |  |  | o | o |  | o | o |  | o | o |
| Materialbestandsführung |  |  |  |  |  |  |  | o |  |  |  |  |  |  |  |  |  |  |  |  |  |  |  |
| Materialreservierung |  |  |  |  |  |  |  | o |  |  |  |  |  |  |  |  |  |  |  |  |  |  |  |
| Materialbeschaffungsrechnung |  |  |  |  |  |  |  |  |  |  |  |  |  |  |  |  |  |  |  |  |  |  |  |
| Materialbedarfsbestimmung |  |  |  |  |  |  |  |  |  |  |  |  |  |  |  |  |  |  |  |  |  |  |  |
| Reihenfolgeplanung |  |  |  |  |  | o |  |  |  |  | o |  |  |  |  |  | o |  |  |  |  |  |  |
| Kapazitätsabstimmung |  |  |  |  |  |  | o | o |  |  |  | o |  |  |  |  |  |  |  | o | o |  |  |
| Kapazitätsangebotsermittlung |  |  |  |  |  |  | o |  |  |  |  | o |  |  |  |  |  |  |  | o |  |  |  |
| Kapazitätsbedarfsrechnung |  |  |  |  |  |  | o |  |  |  |  | o |  |  |  |  |  |  |  | o |  |  |  |
| Durchlaufterminierung |  |  |  |  |  |  | o |  |  |  |  | o |  |  |  | o |  |  |  | o |  |  |  |
| Prioritätenvergabe | o | o |  |  |  |  | o |  |  |  |  | o |  |  |  |  |  |  |  | o |  |  |  |
| Auftragsverwaltung | o | o | o |  |  | o |  |  |  |  |  | o |  |  | o | o | o |  |  | o |  |  | o |
| Vorlaufsteuerung |  |  |  |  |  |  | o | o |  |  |  |  |  |  |  |  |  |  |  | o |  |  |  |
| Grobplanung |  |  |  |  |  | o |  |  |  |  |  | o |  |  | o | o |  |  |  | o |  |  |  |
| Prognoserechnung |  |  |  |  |  |  |  |  |  |  |  | o |  |  |  |  |  |  |  | o |  |  |  |

**Zuordnungsmatrix**

**Funktionen der Instandhaltungsplanung, –steuerung und –analyse**

Columns C1–C13:

| Nutzen | Maßnahme | Prognoserechnung | Grobplanung | Vorlaufsteuerung | Auftragsverwaltung | Prioritätsvergabe | Durchlaufterminierung | Kapazitätsbedarfsrechnung | Kapazitätsangebotsermittlung | Kapazitätsabstimmung | Reihenfolgeplanung | Materialbedarfsbestimmung | Materialbeschaffungsrechnung | Materialreservierung |
|---|---|---|---|---|---|---|---|---|---|---|---|---|---|---|
| 2.1 Reduzierung der Typenvielfalt | a) | | | | | | | | | | | | | |
| | b) | | | | | | | | | | | | | |
| | c) | | | | | | | | | | | | | |
| | d) | | | | | | | | | | | | o | o |
| 2.2 Sicherstellung einer anforderungsgerechten Qualität | a) | | | | | | | | | | | | o | |
| | b) | | | | | | | | | | | | | |
| | c) | | | | | | | | | | | | | o |
| | d) | | | | | | | | | | | o | o | o |
| | e) | | | | | | | | | | | o | o | o |
| | f) | | | | | | | | | | | o | o | o |
| 2.3 Reduzierung der Teileanzahl und des Lagerumfangs | a) | | | | | | | | | | | | | |
| | b) | | | | | | | | | | | o | o | |
| | c) | o | o | o | | | | | | | | o | o | o |
| | d) | o | o | o | | | | | | | | o | o | o |
| | e) | | | o | | | | | | | | | | |
| 2.4 Unterstützung des Verwaltungs- und Bestellwesens | a) | | | | | | | | | | | o | o | |
| | b) | | | | | | | | | | | | o | |
| | c) | | | | | | | | | | | o | o | o |
| | d) | | | o | | | | | | | | | | o |
| | e) | | | | | | | | | | | | | o |
| | f) | o | | | | | | | | | | | | o |
| | g) | | | | | | | | | | | | o | |
| | h) | | | | | | | | | | | o | o | o |
| | i) | | | | | | | | | | | | | |
| 2.5 Termingerechte Bereitstellung | a) | | | | | | | | | | | o | o | o |
| | b) | | | | | | | | | | | | | |
| | c) | | | o | o | | | | | | | | | o |
| | d) | | | | | | | | | | | | | |
| 2.6 Verstärkte Kostenorientierung und Nutzung vorhandener Ressourcen | a) | | | | | | | | | | | | | |
| | b) | | | | | | | | | | | o | o | o |
| | c) | | | | | | | | | | | | o | o |
| | d) | | | | | | | | | | | | | |
| | e) | | o | o | | o | | | | | | o | o | o |

Columns C14–C26:

| Nutzen | Maßnahme | Materialbestandsführung | Verfügbarkeitsprüfung | Auftragsfreigabe | Arbeitsbelegerstellung | Arbeitsverteilung | Transportsteuerung | Arbeitsfortschrittserfassung | Kapazitätsüberwachung | Auftragsdatenerfassung | Abweichungsbestimmung | Abweichungsursachenermittlung | Schadensanalyse | Schwachstellenbestimmung |
|---|---|---|---|---|---|---|---|---|---|---|---|---|---|---|
| 2.1 Reduzierung der Typenvielfalt | a) | o | | | | | | | | | | | | |
| | b) | o | | | | | | | | | | | | |
| | c) | | | | | | | | | | | | | |
| | d) | o | | | | | | | | | | | | |
| 2.2 Sicherstellung einer anforderungsgerechten Qualität | a) | | | | | | | | | | | | | |
| | b) | | | | | | | | | o | | | o | o |
| | c) | | | | | | o | | | | | | | |
| | d) | o | o | | | | o | | | | | o | | |
| | e) | o | | | | | o | | | | | | | |
| | f) | o | o | o | | | o | | | | | | | |
| 2.3 Reduzierung der Teileanzahl und des Lagerumfangs | a) | o | | | | | | | | | | | | |
| | b) | o | | | | | | | | | | | | |
| | c) | o | | | | | | | | | | | | o |
| | d) | o | | | | | o | | | | | | | |
| | e) | o | | | | | | o | o | o | | | | |
| 2.4 Unterstützung des Verwaltungs- und Bestellwesens | a) | | | | | | | | | | | | | |
| | b) | | | | | | | | | o | | | | |
| | c) | | | | o | | | | | o | | | | |
| | d) | | | o | o | | | | | o | | | | |
| | e) | | | | | | | | | | | | | |
| | f) | | | | | | | | | | | | | |
| | g) | | | | | | | | | | | | | |
| | h) | o | o | | | | | | | | | | | |
| | i) | o | | | | | | | | | | | | |
| 2.5 Termingerechte Bereitstellung | a) | o | o | | o | | o | | | | | | | |
| | b) | o | | | | | | o | o | o | | | | |
| | c) | o | | o | o | | | o | | o | | | | |
| | d) | o | o | | | | | | | | | | | |
| 2.6 Verstärkte Kostenorientierung und Nutzung vorhandener Ressourcen | a) | o | | | | | | | | | o | o | o | o |
| | b) | o | o | | | | | | | | | | | |
| | c) | o | | | | | | | | | | | | |
| | d) | o | | | | | | | | | o | o | o | o |
| | e) | o | | | | | | o | | o | | | | |

**Zuordnungsmatrix**

Spaltenachse: **Funktionen der Instandhaltungsplanung, –steuerung und –analyse**

Zeilenachse: **Nutzen** / **Maßnahmen**

Teil A – Funktionen 1–13:

| Nutzen | Nr. | Maßn. | Prognoserechnung | Groblanung | Vorlaufsteuerung | Auftragsverwaltung | Prioritätsvergabe | Durchlaufterminierung | Kapazitätsbedarfsrechnung | Kapazitätsangebotsermittlung | Kapazitätsabstimmung | Reihenfolgeplanung | Materialbedarfsbestimmung | Materialbeschaffungsrechnung | Materialreservierung |
|---|---|---|---|---|---|---|---|---|---|---|---|---|---|---|---|
| Erhöhung von Flexibilität und Verfügbarkeit der Betriebsmittel der Instandhaltung | 2.7. | a) | o | o |  |  |  | o |  |  |  |  |  |  |  |
|  |  | b) |  |  |  |  |  |  |  | o | o | o |  |  |  |
|  |  | c) |  |  |  |  |  | o | o | o | o | o |  |  |  |
|  |  | d) |  |  |  |  |  |  |  |  |  | o |  |  |  |
|  |  | e) | o | o |  | o | o | o | o | o | o | o |  |  |  |
|  |  | f) |  |  |  | o |  | o | o | o | o |  |  |  |  |
| Steigerung von Auslastung und Leistungsfähigkeit der Betriebsmittel der Instandhaltung | 2.8. | a) |  |  |  |  |  |  |  |  |  |  |  |  |  |
|  |  | b) |  | o |  |  | o | o | o | o | o |  |  |  |  |
|  |  | c) | o | o |  | o |  | o |  |  | o |  |  |  |  |
|  |  | d) |  |  |  | o | o | o |  |  |  |  |  |  | o |
|  |  | e) |  |  |  | o |  |  | o | o |  |  |  |  | o |
|  |  | f) | o | o |  |  |  |  |  |  |  |  |  |  |  |
| Reduzierung der Kapitalbindung und des laufenden Aufwands der Betriebsmittel der Instandhaltung | 2.9. | a) | o | o |  | o |  |  |  |  |  |  |  |  |  |
|  |  | b) |  |  | o |  |  |  |  |  |  |  |  |  |  |
|  |  | c) | o |  |  | o | o |  |  |  |  |  |  |  |  |
|  |  | d) | o | o |  |  |  |  |  |  |  |  |  |  |  |
|  |  | e) |  |  |  |  |  |  |  |  |  |  |  |  |  |
|  |  | f) |  |  |  |  |  |  |  |  |  |  |  |  |  |
|  |  | g) | o | o |  |  |  | o | o | o | o |  |  |  |  |

Teil B – Funktionen 14–26:

| Nutzen | Nr. | Maßn. | Materialbestandsführung | Verfügbarkeitsprüfung | Auftragsfreigabe | Arbeitsbelegerstellung | Arbeitsverteilung | Transportsteuerung | Arbeitsfortschrittserfassung | Kapazitätsüberwachung | Auftragsdatenerfassung | Abweichungsbestimmung | Abweichungsursachenermittlung | Schadensanalyse | Schwachstellenbestimmung |
|---|---|---|---|---|---|---|---|---|---|---|---|---|---|---|---|
| Erhöhung von Flexibilität und Verfügbarkeit der Betriebsmittel der Instandhaltung | 2.7. | a) |  | o |  |  |  |  |  |  |  | o | o |  |  |
|  |  | b) |  |  |  |  |  |  |  | o |  |  |  |  |  |
|  |  | c) |  |  |  | o | o | o |  | o |  |  |  |  |  |
|  |  | d) |  |  |  |  | o | o |  |  |  |  |  |  |  |
|  |  | e) |  | o |  |  | o | o | o | o |  |  |  |  |  |
|  |  | f) |  | o | o | o |  |  | o | o | o |  |  |  |  |
| Steigerung von Auslastung und Leistungsfähigkeit der Betriebsmittel der Instandhaltung | 2.8. | a) |  |  |  |  |  |  |  |  |  | o | o | o | o |
|  |  | b) |  | o |  |  | o |  | o | o |  |  |  |  |  |
|  |  | c) |  | o | o | o | o | o |  |  |  |  |  |  |  |
|  |  | d) |  | o |  | o | o |  |  |  |  |  |  |  |  |
|  |  | e) |  |  |  |  | o | o |  |  |  |  |  |  |  |
|  |  | f) |  |  |  |  |  |  |  | o |  |  |  |  |  |
| Reduzierung der Kapitalbindung und des laufenden Aufwands der Betriebsmittel der Instandhaltung | 2.9. | a) |  |  |  |  |  |  |  |  |  |  |  |  |  |
|  |  | b) |  |  |  |  |  |  |  | o |  |  |  |  |  |
|  |  | c) |  |  |  |  |  |  |  |  |  | o | o | o | o |
|  |  | d) |  |  |  |  |  |  |  |  |  | o | o | o | o |
|  |  | e) |  |  |  |  |  |  |  |  |  | o | o | o | o |
|  |  | f) |  | o | o | o | o |  |  |  |  |  |  |  |  |
|  |  | g) |  |  |  |  |  |  |  | o |  |  |  |  |  |

**Zuordnungsmatrix**

**Funktionen der Instandhaltungsplanung, – steuerung und – analyse**

Nutzen × Maßnahmen (Funktionen). A circle (o) marks an assignment of a function to a measure.

Columns 1–13:

| Nutzen | Maßn. | Prognoserechnung | Grobplanung | Vorlaufsteuerung | Auftragsverwaltung | Prioritätenvergabe | Durchlaufterminierung | Kapazitätsbedarfsrechnung | Kapazitätsangebotsermittlung | Kapazitätsabstimmung | Reihenfolgeplanung | Materialbedarfsbestimmung | Materialbeschaffungsrechnung | Materialreservierung |
|---|---|---|---|---|---|---|---|---|---|---|---|---|---|---|
| 3.1. Verbesserung der Objektfunktion | a) | | | | | | | | | | | | | |
| | b) | | | | o | | | | | | | | | |
| | c) | | | | | | | | | | | | | |
| | d) | | | | | | | | | | o | | | |
| 3.2. Erhöhung von Auslastung und Verfügbarkeit | a) | | o | o | o | o | o | | | | o | | | |
| | b) | o | o | o | o | | o | o | o | o | o | | | o |
| | c) | | | | o | | | | | | | | | |
| | d) | | | | | o | | | | o | | | | |
| | e) | o | o | | o | | | | | | | | | |
| | f) | | | | | | | | | | | | | |
| | g) | o | o | o | o | | | | | o | | | | |
| 4.1. Verlängerung der Objektlebensdauer | a) | o | o | | o | | | | | | | | | |
| | b) | | | o | o | o | | | | o | o | | | o |
| | c) | | | | | | o | | | | | | | |
| | d) | | | | | | | | | | | | | |
| 4.2. Erhöhung des Abnutzungsvorrates der Instandhaltungsobjekte | a) | | | | | o | | | | | | | | |
| | b) | | | | | | | | | | | | | |
| | c) | | | | | | | | | | | | | |
| | d) | | | o | | | | | | | | | | o |
| | e) | o | | | | | | | | | | | | |

Columns 14–26:

| Nutzen | Maßn. | Materialbestandsführung | Verfügbarkeitsprüfung | Auftragsfreigabe | Arbeitsbelegerstellung | Arbeitsverteilung | Transportsteuerung | Arbeitsfortschrittserfassung | Kapazitätsüberwachung | Auftragsdatenerfassung | Abweichungsbestimmung | Abweichungsursachenermittlung | Schadensanalyse | Schwachstellenbestimmung |
|---|---|---|---|---|---|---|---|---|---|---|---|---|---|---|
| 3.1. Verbesserung der Objektfunktion | a) | | | | | | | | | o | o | o | o | o |
| | b) | | | | | o | | | | o | o | o | o | o |
| | c) | | | o | o | | | | | | | | | o |
| | d) | | | | | | | | | o | o | o | o | o |
| 3.2. Erhöhung von Auslastung und Verfügbarkeit | a) | | o | | | | | | | | | | | |
| | b) | | o | | | | o | | | | | | | |
| | c) | | | | | | | | | | | | | |
| | d) | | | | | | | | o | | | | | |
| | e) | | | | | | | | | | | | | |
| | f) | | | | | | | | | | o | o | o | o |
| | g) | | o | | | | | o | o | o | o | o | o | o |
| 4.1. Verlängerung der Objektlebensdauer | a) | | | | | | | | | | | | | |
| | b) | | | o | o | | | | | | | | | |
| | c) | | | | | | | | o | | o | o | o | o |
| | d) | | | | | | | | | | o | o | o | o |
| 4.2. Erhöhung des Abnutzungsvorrates der Instandhaltungsobjekte | a) | | | | | | | | | | o | o | o | o |
| | b) | | | | | | | | | | o | o | o | o |
| | c) | | | | | | | o | | | | | | |
| | d) | o | | | | | | o | | | o | o | o | o |
| | e) | | | | | | | | | | o | o | o | o |

**Zuordnungsmatrix**

Funktionen der Instandhaltungsplanung, -steuerung und -analyse

Funktionen (Matrixzeilen):

- Schwachstellenbestimmung
- Schadensanalyse
- Abweichungsursachenermittlung
- Abweichungsbestimmung
- Auftragsdatenerfassung
- Kapazitätsüberwachung
- Arbeitsfortschrittserfassung
- Transportsteuerung
- Arbeitsverteilung
- Arbeitsbelegerstellung
- Auftragsfreigabe
- Verfügbarkeitsprüfung
- Materialbestandsführung
- Materialreservierung
- Materialbeschaffungsrechnung
- Materialbedarfsbestimmung
- Reihenfolgeplanung
- Kapazitätsabstimmung
- Kapazitätsangebotsermittlung
- Kapazitätsbedarfsrechnung
- Durchlaufterminierung
- Prioritätenvergabe
- Auftragsverwaltung
- Vorlaufsteuerung
- Grobplanung
- Prognoserechnung

Maßnahmen

Nutzen:

- 5.1. Erhöhung des Anteils geplanter und gesteuerter Maßnahmen
- 5.2. Erhöhung der Intensität
- 5.3. Erhöhung der Genauigkeit
- 5.4. Erhöhung der Flexibilität

**Zuordnungsmatrix**

**Funktionen der Instandhaltungsplanung, –steuerung und –analyse**

| Nutzen | Maßnahmen | Prognoserechnung | Grobplanung | Vorlaufsteuerung | Auftragsverwaltung | Prioritätsvergabe | Durchlaufterminierung | Kapazitätsbedarfsrechnung | Kapazitätsangebotsermittlung | Kapazitätsabstimmung | Reihenfolgeplanung | Materialbedarfsbestimmung | Materialbeschaffungsrechnung | Materialreservierung | Materialbestandsführung | Verfügbarkeitsprüfung | Auftragsfreigabe | Arbeitsbelegerstellung | Arbeitsverteilung | Transportsteuerung | Arbeitsfortschrittserfassung | Kapazitätsüberwachung | Auftragsdatenerfassung | Abweichungsbestimmung | Abweichungsursachenermittlung | Schadensanalyse | Schwachstellenbestimmung |
|---|---|---|---|---|---|---|---|---|---|---|---|---|---|---|---|---|---|---|---|---|---|---|---|---|---|---|---|
| 6.1. Erhöhung der Aktualität | a) | | | | o | | | | | | | | | | | | | | | | | | | | | | |
| | b) | | | | | | | | | | | | | | | | | | | | o | | o | o | o | o | o |
| | c) | | | | | | | | | | | | | | | | | | | | o | | o | | | | |
| | d) | | | o | | | | | | | | | | | | o | | | | | | | | | | | |
| | e) | | | | o | | | | | | | | | | | | | | | | | | | | | | |
| | f) | | | | o | | | | | | | | | | | | | o | | | o | | o | | | | |
| 6.2. Erweiterung des Informationsumfangs | a) | | | | | | | | | | | | | | | | | | | | o | | o | | | | |
| | b) | | | | | | | | | | | | | | | | | o | | | | | | o | o | o | o |
| | c) | | | | | | | | | | | | | o | | o | | | | | o | o | o | | | | |
| | d) | | | o | o | | | | | | | | | | | | o | | | | | | o | o | o | o | o |
| 6.3. Verbesserung des Informationszugriffes | a) | | | | | | | | | | | | | | | o | o | | | | o | | o | | | | |
| | b) | | | | | | | | | | | | | | | | o | | | | o | | | | | | |
| | c) | | | o | | | o | o | o | | | | | o | | o | o | | | | o | | o | | | | |
| | d) | | | | o | | | | | | | o | o | o | o | o | o | o | o | | o | | o | | | | |
| | e) | o | | | o | | | | | | | | | | | o | o | o | o | | o | o | o | | | | |
| 6.4. Verbesserung der Darstellungsqualität | a) | | | | | | | | | | | | | | | | | | | | | | | | | | |
| | b) | | | | | | | | | | | | | | | | | | | | | | | | | | |
| | c) | | | | | | | | | | | | | | | | | | | | | | | | | | |
| 6.5. Sicherstellung der Informationsauswertung | a) | o | o | | | o | o | o | o | | | o | o | | | o | o | | | | o | | o | o | o | o | o |
| | b) | | | | | o | | | | | | | | | | o | | o | | | | | | o | o | o | o |
| | c) | | | | | | o | | | | | | | o | | o | | | | | o | o | o | o | o | o | o |
| | d) | | | | o | | o | | | | | | | | | o | | | o | o | o | | o | | | | |
| 6.6. Reduzierung von Fehlerquellen | a) | o | o | o | o | o | o | o | o | | | o | o | o | | o | o | o | o | | o | | o | o | o | o | o |
| | b) | | | | | | | | | | | | o | | | o | | | o | | o | o | o | o | o | o | o |
| | c) | o | o | o | o | o | o | o | o | o | o | o | o | o | o | o | o | o | o | o | o | o | o | o | o | o | o |

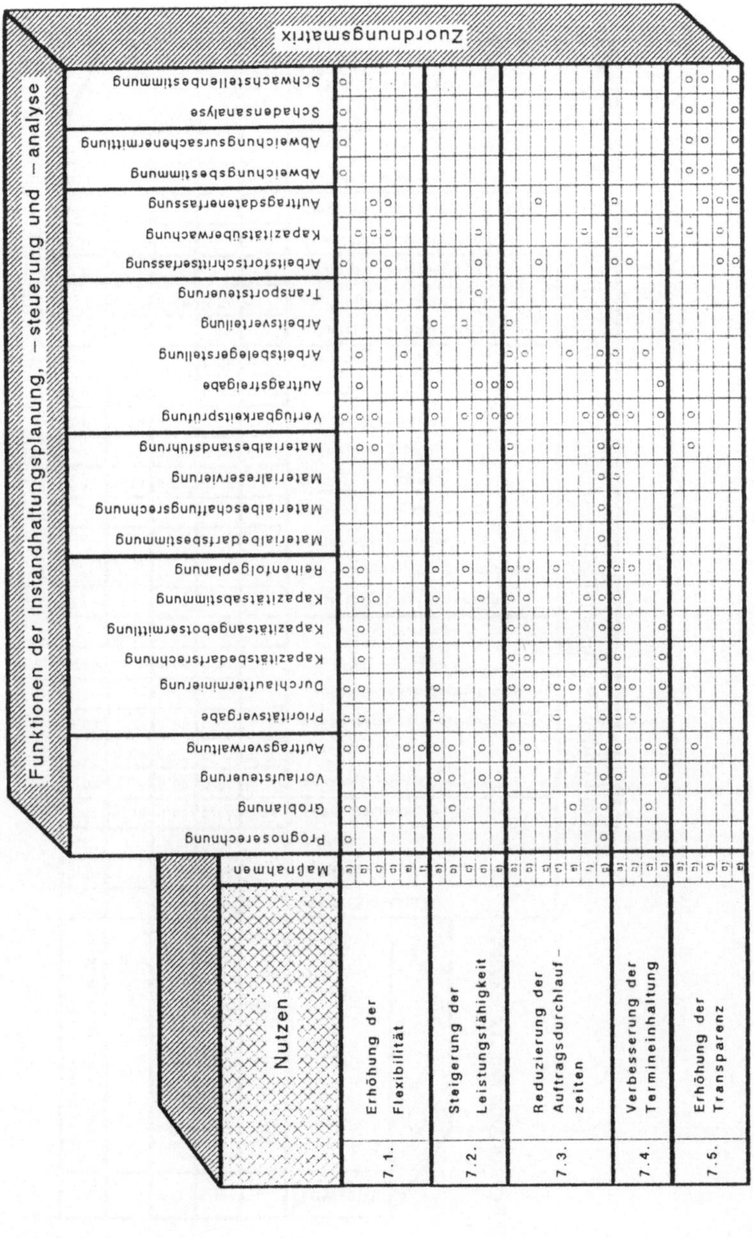

**Zuordnungsmatrix**

Columns: *Funktionen der Instandhaltungsplanung, –steuerung und –analyse*  
Rows: *Nutzen* / *Maßnahmen*

| Nutzen / Maßnahme | Prognoserechnung | Grobplanung | Vorlaufsteuerung | Auftragsverwaltung | Prioritätsvergabe | Durchlaufterminierung | Kapazitätsbedarfsrechnung | Kapazitätsangebotsermittlung | Kapazitätsabstimmung | Reihenfolgeplanung | Materialbedarfsbestimmung | Materialbeschaffungsrechnung | Materialreservierung | Materialbestandsführung | Verfügbarkeitsprüfung | Auftragsfreigabe | Arbeitsbelegerstellung | Arbeitsverteilung | Transportsteuerung | Arbeitsfortschrittserfassung | Kapazitätsüberwachung | Auftragsdatenerfassung | Abweichungsbestimmung | Abweichungsursachenermittlung | Schadensanalyse | Schwachstellenbestimmung |
|---|---|---|---|---|---|---|---|---|---|---|---|---|---|---|---|---|---|---|---|---|---|---|---|---|---|---|
| **7.1 Erhöhung der Flexibilität** a) | o | o |  | o | o | o |  |  |  | o |  |  |  |  | o |  |  |  |  | o |  |  | o | o | o | o |
| 7.1 b) |  | o |  | o | o | o | o | o | o | o |  |  |  | o | o | o | o |  |  |  | o |  |  |  |  |  |
| 7.1 c) |  |  |  |  |  |  |  |  | o |  |  |  |  | o | o |  |  |  |  | o | o | o |  |  |  |  |
| 7.1 d) |  |  |  |  |  |  |  |  |  |  |  |  |  |  |  |  |  |  |  | o | o | o |  |  |  |  |
| 7.1 e) |  |  |  | o |  |  |  |  |  |  |  |  |  |  |  |  |  | o |  |  |  |  |  |  |  |  |
| 7.1 f) |  |  |  | o |  |  |  |  |  |  |  |  |  |  |  |  |  |  |  |  |  |  |  |  |  |  |
| **7.2 Steigerung der Leistungsfähigkeit** a) |  |  | o | o | o | o |  |  | o | o |  |  |  |  | o | o |  | o |  |  |  |  |  |  |  |  |
| 7.2 b) |  | o | o | o |  |  |  |  |  |  |  |  |  |  |  |  |  |  |  |  |  |  |  |  |  |  |
| 7.2 c) |  |  |  |  |  |  |  |  | o |  |  |  |  |  | o |  |  | o |  |  |  |  |  |  |  |  |
| 7.2 d) |  | o | o |  |  |  |  |  | o |  |  |  |  |  | o | o |  |  |  | o | o | o |  |  |  |  |
| 7.2 e) |  | o | o |  |  |  |  |  |  |  |  |  |  |  | o | o |  |  |  |  |  |  |  |  |  |  |
| **7.3 Reduzierung der Auftragsdurchlaufzeiten** a) |  |  | o | o | o | o | o | o | o |  |  |  |  | o | o | o | o | o |  |  |  |  |  |  |  |  |
| 7.3 b) |  |  | o |  | o | o | o | o | o |  |  |  |  |  |  | o |  |  |  |  |  |  |  |  |  |  |
| 7.3 c) |  |  |  |  |  |  |  |  |  |  |  |  |  |  |  |  |  |  |  |  |  |  | o |  | o |  |
| 7.3 d) |  |  |  |  | o | o |  |  | o |  |  |  |  |  |  |  |  |  |  |  |  |  |  |  |  |  |
| 7.3 e) |  | o |  |  |  | o |  |  |  |  |  |  |  |  |  |  |  |  |  |  |  |  |  |  |  |  |
| 7.3 f) |  |  |  |  |  |  |  |  | o |  |  |  |  |  | o |  |  |  |  |  |  |  |  | o |  |  |
| 7.3 g) | o | o | o | o | o | o | o | o | o | o | o | o | o | o | o |  |  |  |  |  |  |  |  |  |  |  |
| **7.4 Verbesserung der Termineinhaltung** a) |  |  | o | o | o | o | o | o | o |  |  |  |  | o | o |  |  | o |  | o | o | o |  |  |  |  |
| 7.4 b) |  |  |  |  | o | o |  |  | o |  |  |  |  |  | o |  |  |  |  |  |  |  | o |  |  |  |
| 7.4 c) |  | o |  | o |  |  |  |  |  |  |  |  |  |  |  |  |  | o |  |  |  |  |  |  |  |  |
| 7.4 d) |  |  | o | o |  | o | o | o |  |  |  |  |  |  | o | o |  |  |  |  |  |  |  | o |  |  |
| **7.5 Erhöhung der Transparenz** a) |  |  |  | o |  |  |  |  |  |  |  |  |  |  |  |  |  |  |  |  | o |  | o | o | o | o |
| 7.5 b) |  |  |  |  |  |  |  |  |  |  |  |  |  |  |  |  |  |  |  |  |  | o | o | o | o | o |
| 7.5 c) |  |  |  |  |  |  |  |  |  |  |  |  |  |  |  |  |  |  |  | o | o | o |  |  |  |  |
| 7.5 d) |  |  |  |  |  |  |  |  |  |  |  |  |  |  |  |  |  |  |  |  |  |  | o | o | o | o |
| 7.5 e) |  |  |  |  |  |  |  |  |  |  |  |  |  |  |  |  |  |  |  |  |  |  |  | o | o | o |

## 11.3 Die Transformationsmatrix



| Funktion | Senkung des Unfallrisikos | Steigerung der Motivation | Senkung der Fluktuation | Steigerung der Produktivität | Erhöhung der Flexibilität des Mitarbeitereinsatzes |
|---|---|---|---|---|---|
| Prognoserechnung | | 0,03 | | | |
| Grobplanung | | 0,06 | 0,13 | | 0,04 |
| Vorlaufsteuerung | | 0,06 | | | 0,04 |
| Auftragsverwaltung | 0,20 | 0,06 | 0,06 | 0,08 | 0,07 |
| Prioritätsvergabe | 0,13 | 0,03 | 0,06 | | 0,04 |
| Durchlaufterminierung | | 0,03 | 0,06 | 0,02 | 0,04 |
| Kapazitätsbedarfsrechnung | | 0,03 | 0,06 | | 0,04 |
| Kapazitätsangebotsermittlung | | 0,03 | 0,06 | | 0,04 |
| Kapazitätsabstimmung | | 0,06 | 0,06 | | 0,07 |
| Reihenfolgeplanung | | 0,06 | | 0,02 | |
| Materialbedarfsbestimmung | | | | | |
| Materialbeschaffungsrechnung | | | | | |
| Materialreservierung | | 0,03 | | | |
| Materialbestandsführung | | 0,03 | | | |
| Verfügbarkeitsprüfung | 0,07 | 0,08 | 0,06 | 0,11 | 0,11 |
| Auftragsfreigabe | 0,13 | 0,06 | | 0,05 | |
| Arbeitsbelegerstellung | 0,13 | 0,11 | 0,19 | 0,08 | 0,07 |
| Arbeitsverteilung | 0,07 | 0,14 | 0,13 | 0,05 | 0,07 |
| Transportsteuerung | 0,07 | 0,06 | | | 0,04 |
| Arbeitsfortschrittserfassung | | 0,03 | 0,06 | 0,05 | |
| Kapazitätsüberwachung | | 0,03 | 0,06 | 0,02 | |
| Auftragsdatenerfassung | | | | 0,08 | 0,04 |
| Abweichungsbestimmung | | | | 0,11 | 0,07 |
| Abweichungsursachenermittlung | 0,07 | | | 0,11 | 0,07 |
| Schadensanalyse | 0,07 | | | 0,11 | 0,07 |
| Schwachstellenbestimmung | 0,07 | | | 0,11 | 0,07 |

## 2. Reduzierung der Materialkosten

Funktionen der Instandhaltungsplanung, –steuerung und –analyse

Transformationsmatrix

| Gewicht | Nutzen | Prognoserechnung | Grobplanung | Vorlaufsteuerung | Auftragsverwaltung | Prioritätsvergabe | Durchlaufterminierung | Kapazitätsbedarfsrechnung | Kapazitätsangebotsermittlung | Kapazitätsabstimmung | Reihenfolgeplanung | Materialbedarfsbestimmung | Materialbeschaffungsrechnung | Materialreservierung |
|---|---|---|---|---|---|---|---|---|---|---|---|---|---|---|
| | Reduzierung der Typenvielfalt | | | | | | | | | | | | 0,20 | 0,20 |
| | Sicherstellung einer anforderungsgerechten Qualität | | | | | | | | | | | 0,12 | 0,16 | 0,08 |
| | Reduzierung der Teileanzahl und des Lagerumfanges | 0,08 | 0,08 | 0,13 | | | | | | | | 0,08 | 0,08 | 0,13 |
| | Unterstützung des Verwaltungs- und Bestellwesens | 0,04 | | 0,04 | | | | | | | | 0,14 | 0,25 | 0,07 |
| | Termingerechte Bereitstellung | | | 0,04 | 0,04 | | | | | | | 0,04 | 0,09 | 0,09 |
| | Verstärkte Kostenorientierung und Nutzung vorhandener Ressourcen | | | 0,04 | 0,04 | | 0,04 | | | | | 0,07 | 0,11 | 0,11 |
| | Erhöhung von Flexibilität und Verfügbarkeit der IH–Betriebsmittel | 0,04 | 0,04 | | 0,04 | 0,02 | 0,09 | 0,06 | 0,09 | 0,09 | 0,09 | | | |
| | Steigerung von Auslastung und Leistungsfähigkeit der IH–Betriebsm. | 0,04 | 0,07 | 0,02 | 0,07 | 0,04 | 0,09 | 0,02 | 0,04 | 0,07 | 0,04 | 0,02 | | 0,07 |
| | Reduzierung von Kapitalbindung und laufendem Aufwand der IH–Betriebsm. | 0,11 | 0,08 | 0,03 | 0,06 | 0,03 | 0,06 | 0,03 | 0,03 | 0,03 | | 0,03 | 0,03 | 0,03 |

| Nutzen | Materialbestandsführung | Verfügbarkeitsprüfung | Auftragsfreigabe | Arbeitsbelegerstellung | Arbeitsverteilung | Transportsteuerung | Arbeitsfortschrittserfassung | Kapazitätsüberwachung | Auftragsdatenerfassung | Abweichungsbestimmung | Abweichungsursachenermittlung | Schadensanalyse | Schwachstellenbestimmung |
|---|---|---|---|---|---|---|---|---|---|---|---|---|---|
| Reduzierung der Typenvielfalt | 0,60 | | | | | | | | | | | | |
| Sicherstellung einer anforderungsgerechten Qualität | 0,16 | 0,08 | | 0,04 | | 0,16 | | | 0,04 | | 0,04 | 0,04 | 0,08 |
| Reduzierung der Teileanzahl und des Lagerumfanges | 0,21 | | | | | 0,04 | 0,04 | 0,04 | 0,04 | | | | 0,04 |
| Unterstützung des Verwaltungs- und Bestellwesens | 0,26 | 0,07 | | 0,07 | | | | | 0,07 | | | | |
| Termingerechte Bereitstellung | 0,14 | 0,14 | 0,04 | 0,09 | | 0,09 | 0,09 | 0,04 | 0,09 | | | | |
| Verstärkte Kostenorientierung und Nutzung vorhandener Ressourcen | 0,18 | 0,04 | | | | | 0,04 | | 0,07 | 0,07 | 0,07 | 0,07 | 0,07 |
| Erhöhung von Flexibilität und Verfügbarkeit der IH–Betriebsmittel | | 0,06 | 0,02 | 0,04 | 0,06 | 0,06 | 0,04 | 0,09 | 0,02 | 0,02 | 0,02 | | |
| Steigerung von Auslastung und Leistungsfähigkeit der IH–Betriebsm. | | 0,07 | 0,02 | 0,04 | 0,09 | 0,04 | 0,02 | 0,04 | 0,09 | 0,02 | 0,02 | 0,02 | 0,02 |
| Reduzierung von Kapitalbindung und laufendem Aufwand der IH–Betriebsm. | 0,03 | 0,03 | 0,03 | 0,03 | | | | | 0,06 | 0,03 | 0,06 | 0,08 | 0,08 |

3. Reduzierung der Produktionsausfallkosten

| Funktionen der Instandhaltungsplanung, –steuerung und –analyse | Nutzen – Verbesserung der Objektfunktion | Nutzen – Erhöhung von Auslastung und Verfügbarkeit |
|---|---|---|
| Prognoserechnung | | 0,06 |
| Grobplanung | | 0,09 |
| Vorlaufsteuerung | | 0,06 |
| Auftragsverwaltung | 0,05 | 0,11 |
| Prioritätsvergabe | | 0,04 |
| Durchlaufterminierung | | 0,04 |
| Kapazitätsbedarfsrechnung | | 0,02 |
| Kapazitätsangebotsermittlung | | 0,02 |
| Kapazitätsabstimmung | | 0,04 |
| Reihenfolgeplanung | | 0,09 |
| Materialbedarfsbestimmung | 0,05 | |
| Materialbeschaffungsrechnung | | |
| Materialreservierung | | 0,02 |
| Materialbestandsführung | | |
| Verfügbarkeitsprüfung | | 0,04 |
| Auftragsfreigabe | 0,05 | 0,04 |
| Arbeitsbelegerstellung | 0,05 | |
| Arbeitsverteilung | 0,05 | 0,02 |
| Transportsteuerung | | 0,04 |
| Arbeitsfortschrittserfassung | | 0,02 |
| Kapazitätsüberwachung | | 0,04 |
| Auftragsdatenerfassung | 0,14 | 0,06 |
| Abweichungsbestimmung | 0,14 | 0,04 |
| Abweichungsursachenermittlung | 0,14 | 0,04 |
| Schadensanalyse | 0,14 | 0,04 |
| Schwachstellenbestimmung | 0,19 | 0,04 |

Gewicht

Transformationsmatrix

4. Reduzierung der
Wertminderung

Funktionen der Instandhaltungsplanung, –steuerung und –analyse — Transformationsmatrix

| Gewicht | Nutzen | Prognoserechnung | Grobplanung | Vorlaufsteuerung | Auftragsverwaltung | Prioritätsvergabe | Durchlaufterminierung | Kapazitätsbedarfsrechnung | Kapazitätsangebotsermittlung | Kapazitätsabstimmung | Reihenfolgeplanung | Materialbedarfsbestimmung | Materialbeschaffungsrechnung | Materialreservierung |
|---|---|---|---|---|---|---|---|---|---|---|---|---|---|---|
|  | Verlängerung der Objektlebensdauer | 0,04 | 0,04 | 0,04 | 0,07 | 0,04 | 0,04 |  |  | 0,04 | 0,04 |  |  | 0,04 |
|  | Erhöhung des Abnutzungsvorrates der Instandhaltungsobjekte | 0,04 |  | 0,04 | 0,04 |  |  |  |  |  |  |  | 0,04 | 0,04 |

| Gewicht | Nutzen | Materialbestandsführung | Verfügbarkeitsprüfung | Auftragsfreigabe | Arbeitsbelegerstellung | Arbeitsverteilung | Transportsteuerung | Arbeitsfortschrittserfassung | Kapazitätsüberwachung | Auftragsdatenerfassung | Abweichungsbestimmung | Abweichungsursachenermittlung | Schadensanalyse | Schwachstellenbestimmung |
|---|---|---|---|---|---|---|---|---|---|---|---|---|---|---|
|  | Verlängerung der Objektlebensdauer |  |  |  | 0,04 | 0,04 |  |  | 0,04 | 0,07 | 0,11 | 0,11 | 0,11 | 0,11 |
|  | Erhöhung des Abnutzungsvorrates der Instandhaltungsobjekte |  |  |  |  | 0,07 |  |  |  | 0,15 | 0,15 | 0,15 | 0,15 | 0,15 |

5. Erhöhung der Planungs-
und Steuerungsqualität

Funktionen der Instandhaltungsplanung, -steuerung und -analyse — Transformationsmatrix

| Gewicht | Nutzen | Prognoserechnung | Grobplanung | Vorlaufsteuerung | Auftragsverwaltung | Prioritätsvergabe | Durchlaufterminierung | Kapazitätsbedarfsrechnung | Kapazitätsangebotsermittlung | Kapazitätsabstimmung | Reihenfolgeplanung | Materialbedarfsbestimmung | Materialbeschaffungsrechnung | Materialreservierung |
|---|---|---|---|---|---|---|---|---|---|---|---|---|---|---|
|  | Erhöhung des Anteils geplanter und gesteuerter Maßnahmen | 0,03 | 0,04 | 0,07 | 0,09 | 0,03 | 0,04 | 0,07 | 0,06 | 0,07 | 0,07 | 0,03 | 0,02 |  |
|  | Erhöhung der Planungs- und Steuerungsintensität |  | 0,03 | 0,07 | 0,07 | 0,03 | 0,03 | 0,03 | 0,03 | 0,07 | 0,07 | 0,03 | 0,07 | 0,03 |
|  | Erhöhung der Genauigkeit | 0,06 | 0,06 | 0,03 | 0,10 | 0,03 | 0,03 | 0,04 | 0,04 | 0,07 | 0,04 | 0,04 | 0,01 | 0,01 |
|  | Erhöhung der Flexibilität | 0,07 | 0,05 | 0,07 | 0,15 | 0,03 |  | 0,03 | 0,03 | 0,10 | 0,07 |  |  |  |

| Nutzen | Materialbestandsführung | Verfügbarkeitsprüfung | Auftragsfreigabe | Arbeitsbelegerstellung | Arbeitsverteilung | Transportsteuerung | Arbeitsfortschrittserfassung | Kapazitätsüberwachung | Auftragsdatenerfassung | Abweichungsbestimmung | Abweichungsursachenermittlung | Schadensanalyse | Schwachstellenbestimmung |
|---|---|---|---|---|---|---|---|---|---|---|---|---|---|
| Erhöhung des Anteils geplanter und gesteuerter Maßnahmen | 0,06 | 0,03 |  | 0,06 |  | 0,02 | 0,02 | 0,02 | 0,04 | 0,02 | 0,02 | 0,04 | 0,04 |
| Erhöhung der Planungs- und Steuerungsintensität | 0,03 | 0,07 | 0,03 | 0,07 | 0,03 |  |  |  |  | 0,03 | 0,07 | 0,03 | 0,07 |
| Erhöhung der Genauigkeit | 0,04 | 0,06 | 0,01 | 0,04 | 0,03 | 0,01 | 0,03 | 0,06 | 0,04 | 0,03 | 0,03 | 0,03 | 0,03 |
| Erhöhung der Flexibilität |  | 0,07 |  | 0,05 | 0,03 |  | 0,07 | 0,07 | 0,03 |  | 0,03 | 0,03 | 0,03 |

## 6. Verbesserung des Informationswesens

**Transformationsmatrix**

Funktionen der Instandhaltungsplanung, –steuerung und –analyse

| Nutzen | Gewicht | Prognoserechnung | Grobplanung | Vorlaufsteuerung | Auftragsverwaltung | Prioritätsvergabe | Durchlaufterminierung | Kapazitätsbedarfsrechnung | Kapazitätsangebotsermittlung | Kapazitätsabstimmung | Reihenfolgeplanung | Materialbedarfsbestimmung | Materialbeschaffungsrechnung | Materialreservierung |
|---|---|---|---|---|---|---|---|---|---|---|---|---|---|---|
| Erhöhung der Aktualität | | | | 0,06 | 0,19 | | | | | | | | | |
| Erweiterung des Informationsumfanges | | | | | 0,05 | 0,05 | | | | | | | | |
| Verbesserung des Informationszugriffes | | 0,03 | | | 0,08 | | 0,06 | | 0,03 | 0,06 | 0,03 | 0,03 | 0,03 | 0,03 |
| Verbesserung der Darstellungsqualität | | | | | | | | | | | | | | |
| Sicherstellung der Informationsauswertung | | 0,03 | 0,03 | | 0,03 | 0,05 | 0,03 | 0,03 | 0,07 | | | 0,05 | 0,03 | |
| Reduzierung von Fehlerquellen | | 0,04 | 0,04 | 0,04 | 0,04 | 0,04 | 0,04 | 0,02 | 0,02 | 0,02 | 0,04 | 0,05 | 0,04 | |

| Nutzen | Materialbestandsführung | Verfügbarkeitsprüfung | Auftragsfreigabe | Arbeitsbelegerstellung | Arbeitsverteilung | Transportsteuerung | Arbeitsfortschrittserfassung | Kapazitätsüberwachung | Auftragsdatenerfassung | Abweichungsbestimmung | Abweichungsursachenermittlung | Schadensanalyse | Schwachstellenbestimmung |
|---|---|---|---|---|---|---|---|---|---|---|---|---|---|
| Erhöhung der Aktualität | | 0,06 | | 0,06 | | | 0,19 | | 0,19 | 0,06 | 0,06 | 0,06 | 0,06 |
| Erweiterung des Informationsumfanges | | 0,05 | | 0,11 | | 0,05 | 0,11 | 0,05 | 0,11 | 0,11 | 0,11 | 0,11 | 0,11 |
| Verbesserung des Informationszugriffes | 0,08 | 0,08 | 0,08 | 0,14 | | 0,03 | 0,08 | 0,06 | 0,08 | | | | |
| Verbesserung der Darstellungsqualität | | | | | | | | | | | | | |
| Sicherstellung der Informationsauswertung | 0,10 | 0,03 | | 0,05 | 0,03 | | 0,05 | 0,03 | 0,10 | 0,07 | 0,07 | 0,07 | 0,07 |
| Reduzierung von Fehlerquellen | 0,05 | 0,04 | 0,04 | 0,05 | 0,04 | 0,04 | 0,04 | 0,04 | 0,04 | 0,05 | 0,05 | 0,05 | 0,05 |

**7. Verbesserung der Organisation**

Transformationsmatrix — Funktionen der Instandhaltungsplanung, – steuerung und – analyse

| Nutzen | Prognoserechnung | Grobplanung | Vorlaufsteuerung | Auftragsverwaltung | Prioritätsvergabe | Durchlaufterminierung | Kapazitätsbedarfsrechnung | Kapazitätsangebotsermittlung | Kapazitätsabstimmung | Reihenfolgeplanung | Materialbedarfsbestimmung | Materialbeschaffungsrechnung | Materialreservierung |
|---|---|---|---|---|---|---|---|---|---|---|---|---|---|
| Erhöhung der Flexibilität | 0,03 | 0,05 |  | 0,11 | 0,05 | 0,05 | 0,03 | 0,03 | 0,05 | 0,05 |  |  |  |
| Steigerung der Leistungsfähigkeit |  | 0,04 | 0,14 | 0,12 | 0,04 | 0,04 |  |  | 0,08 | 0,08 |  |  |  |
| Reduzierung der Auftragsdurchlaufzeiten | 0,02 | 0,04 | 0,02 | 0,06 | 0,09 | 0,11 | 0,06 | 0,06 | 0,09 | 0,09 | 0,02 | 0,02 | 0,02 |
| Verbesserung der Termineinhaltung |  | 0,03 | 0,06 | 0,10 | 0,06 | 0,10 | 0,06 | 0,06 | 0,03 | 0,06 |  |  | 0,03 |
| Erhöhung der Transparenz |  |  |  | 0,04 |  |  |  |  |  |  |  |  |  |

| Nutzen | Materialbestandsführung | Verfügbarkeitsprüfung | Auftragsfreigabe | Arbeitsbelegerstellung | Arbeitsverteilung | Transportsteuerung | Arbeitsfortschrittserfassung | Kapazitätsüberwachung | Auftragsdatenerfassung | Abweichungsbestimmung | Abweichungsursachenermittlung | Schadensanalyse | Schwachstellenbestimmung |
|---|---|---|---|---|---|---|---|---|---|---|---|---|---|
| Erhöhung der Flexibilität | 0,05 | 0,08 | 0,03 | 0,05 |  |  | 0,08 | 0,08 | 0,05 | 0,03 | 0,03 | 0,03 | 0,03 |
| Steigerung der Leistungsfähigkeit |  | 0,14 | 0,12 |  | 0,08 | 0,04 | 0,04 | 0,04 |  |  |  |  |  |
| Reduzierung der Auftragsdurchlaufzeiten | 0,04 | 0,06 | 0,02 | 0,09 | 0,02 |  | 0,02 | 0,02 | 0,02 |  |  |  |  |
| Verbesserung der Termineinhaltung | 0,03 | 0,10 | 0,03 | 0,06 |  |  | 0,06 | 0,10 | 0,03 |  |  |  |  |
| Erhöhung der Transparenz | 0,04 | 0,04 |  |  |  |  | 0,09 | 0,09 | 0,14 | 0,14 | 0,14 | 0,14 | 0,14 |

Gewicht

# FIR + IAW
## Forschung für die Praxis

Berichte aus dem Forschungsinstitut für Rationalisierung (FIR), Aachen, und dem Lehrstuhl und Institut für Arbeitswissenschaft (IAW) der Rheinisch-Westfälischen Technischen Hochschule Aachen.

Herausgeber: Prof. Dr. Ing. R. Hackstein





1 **Qualitätszirkel und andere Gruppenaktivitäten**
Von F. J. Heeg. ISBN 3-540-15498-1.
1985, 232 Seiten mit 45 Abbildungen und 17 Tabellen    68,- DM

2 **Planung und Auslegung von Palettenlagern**
Von P. Bauer. ISBN 3-540-15499-X.
1985, 148 Seiten mit 42 Abbildungen und 8 Tabellen    68,- DM

3 **Kennzahlen in der Distribution**
Von W. Konen. ISBN 3-540-15624-0.
1985, 150 Seiten mit 9 Abbildungen und 7 Tabellen    68,- DM

4 **Personalbedarf der Arbeitsplanung**
Von P. Bresser. ISBN 3-540-15625-9.
1985, 179 Seiten mit 65 Abbildungen und 6 Tabellen    68,- DM

5 **Analyse und Grobprojektierung von Logistik-Informationssystemen**
Von O. Gast. ISBN 3-540-15626-7.
1985, 187 Seiten mit 68 Abbildungen und 20 Tabellen    68,- DM

6 **Flexibilität in der Fertigung**
Von R. Grob. ISBN 3-540-16159-7.
1986, 158 Seiten mit 25 Abbildungen und 20 Tabellen    68,- DM

7 **Rechnergestützte Planung von Durchlaufregallagern**
Von E.-J. Ribbert. ISBN 3-540-16160-0.
1986, 154 Seiten mit 30 Abbildungen und 7 Tabellen    68,- DM

8 **Wirtschaftliche Arbeitsplanung in der Instandhaltung**
Von W. Jütting. ISBN 3-540-16701-3.
1986, 145 Seiten mit 40 Abbildungen    68,- DM

9 **Planung des Personalbedarfs in indirekten Bereichen**
Von K. Hemmers. ISBN 3-540-16702-1.
1986, 149 Seiten mit 73 Abbildungen    68,- DM